U0157530

国家重点研发计划

村镇发展模拟系统和智能决策管控平台关键技术（2018YFD1100805）

基于城乡人口变化的中小学布局优化模型研究与应用

林文棋　毕　波　陈会宴　编著

中国建筑工业出版社

序

中小学教育是我国重要的基本公共服务保障内容。1986 年开始实施的《中华人民共和国义务教育法》规定，国家实行九年制义务教育。科学合理的中小学布局是有效安排教育资源和保障基础教育质量的前提，也是城乡规划和国土空间规划的重要内容。

20 世纪 80 年代以来，与快速的经济增长相适应，我国的城乡结构发生了显著变化。从 1978 年到 2021 年，我国大陆人口城镇化率从 1978 年的 17.92% 提高到 64.72%，城镇人口规模从 1.85 亿人增长到 9.14 亿人。在乡村人口比重持续下降的过程中，乡村人口规模在 1995 年达到 8.59 亿人之后也开始减少，2021 年乡村地区总人口下降到 4.98 亿人。人口城乡分布重构背景下，中小学布局必然需要相应调整。从城乡人口变化视角来分析中小学布局的特征、存在问题、影响因素、变化规律和趋势，进而采取科学的方法来预测和确定规划应对方案，是一项迫切的任务。但我国快速城镇化进程中的人口城乡"两栖"特色、农村留守现象、人口老龄化和少子化带来的学龄人口在地区间和城乡间的差异、学生择校行为以及近年来交通和信息化技术快速发展等多元影响下，学生分布和教育资源需求变化更加复杂。适应新时期发展需要的支撑中小学布局优化调整决策的预测和规划技术，研究难度、理论价值和现实意义不言而喻。

林文棋总规划师和他的工作团队长期以来从事城乡规划理论和实践工作，关注技术创新，善于将定量方法、信息化技术与国情研究、规划实践相结合。在我牵头负责的国家重点研发计划项目"县域村镇空间发展智能化管控与功能提升规划技术研发（2018YFD1100800）"中，文棋负责其中的"村镇发展模拟系统和智能决策管控平台关键技术（2018YFD1100805）"课题。文棋带领课题工作团队在"新冠"疫情影响下克服各种困难，出色地完成了课题研究任务。《基于城乡人口变化的中小学布局优化模型研究与应用》这本书，是课题成果之一。本书基于作者们坚实的理论方法基础和丰厚的实践积累，从城乡人口变化视角，围绕新时期中小学教育需求和教育资源配置发展趋势，通过量化研究提出技术方案，并结合实例，形成了中小学布局优化的预测方法和规划技术。与以往的自上而下配置教育资源和布局学校设施的规划方法相比，本书提供的技术方案可以更好地与现阶段城乡教育发展实际相适应。

书中关于多个案例的应用及效果分析和对国外学校布局优化方案的研究也表明，书中提出的技术方案具有很好的应用前景。相信本书的出版可以为城乡规划工作提供技术支持，也可以为城乡教育发展研究和中小学布局决策提供支撑。

曹广忠

前　言

伴随社会经济发展，我国城镇化进程加快，城乡人口迁徙引发农村劳动力和学生外流，不断冲击着城市基础教育资源供给。城乡义务教育资源空间优化配置，既关系到国民教育公平，也关系到教育经费的使用效率。利用数学模型，针对中小学布局优化开展定量化的前评估、方案制定和比选，从而科学地进行优化布局的政策设计，将为城乡义务教育资源均衡配置提供有力的决策支撑。

选取我国东部和西部典型的城镇化地区，以四川省德阳市旌阳区和北京市通州新城为例，本书利用中小学布局优化模型均衡有效配置教育资源，提出优化布局的政策路径。在广泛收集学校硬软件、学生家庭条件以及就学格局相关数据的基础上，重点针对影响中小学布局的教师资源、空间距离等不同类型因素进行综合分析，选用 DEA 和 Mixed Logit 模型对中小学校布局和教育资源配置进行优化。通过定量化研究，本书提出的技术方案和应用实例突破了以往学校设施规划中自上而下配置方法的技术局限，结合未来城乡人口变化趋势和家长择校偏好特征，以及自下而上的就学需求预测，为学校资源的公平与有效配置提出方向指引和措施建议，为城乡教育和规划部门未来科学决策提供有价值的参考。

目　录

附录 A　调查问卷

附录 B　布局优化软件

参考文献

后记

第 1 章
———————————————

新型城镇化背景下的
城乡中小学布局调整

1.1 新型城镇化对城乡教育布局的挑战

1.1.1 我国的教育城镇化特征

随着经济社会发展，我国城镇化进程迅速推进了乡村人口向各级城镇的集聚。在土地和劳动力城镇化之后，人的城镇化和市民化成为新型城镇化的发展重点。这其中，教育城镇化是重中之重。自 2000 年以来，我国义务教育阶段在校生规模逐年减少，城区学生呈现逐年增加趋势，但义务教育人口城镇化率已显著高于常住人口城镇化水平，增速也高于常住人口城镇化率（吴磊，2018）。截至 2021 年年末，我国人口城镇化率为 64%，而义务教育在校学生的城镇化比例却达到 78%，高于前者近 20 个百分点（唐晓灵，2021）。

城乡人口迁徙引发农村劳动力和学生外流，一方面改变了农村地区教育格局和生态；另一方面冲击着城市的教育资源供给。人口城镇化的推进导致优质教育资源及财政支持向城镇聚集，进一步拉大城乡教育差距，迫使农村学生主动进城择校（时浩楠，2019）。在农村衰退的推力和城市吸引的拉力双重作用之下，农村学校凋敝与城区学校的超大班额现象并存，反差鲜明。

一方面，农村中小学普遍面临学生外流和教师不稳的境地。农村学生外流呈现低龄化、主动化，从县城、地（市）、省城至首都逐层向上流动的特征，并且主动外流人数逐渐超过被动外流人数。学生外流引发教师外流、学校撤并，乡村学校的颓势不可逆转。农村适龄学生减少，导致部分学校空心化、办学难以为继、留守儿童上学难、上学远的境遇恶化。城乡教育资源配置的优化是缩小城乡教育差距的题中之义，如何引导优质资源向农村延伸，同时避免供需错配问题，是城乡教育协调发展进程中的主要难题（李宜江，2018）。

另一方面，城镇有限的优质教育资源在短时间内难以满足就学需求。从初中、小学到幼儿园，家长的就学焦虑和学生的竞争节点不断提前，"择校热"持续受到关注。城镇中小学班额增加、用地扩张维艰，需要不断提高单位承载力并收紧入学门槛。与此同时，中心学校拥挤而外围新增学校空间使用率不高，城镇内部学校冷热不均与城乡之间教育失衡问题同样严峻。农村难以改善留守儿童教育环境，城镇中小学存在难以接纳流动儿童并缓解教育超大规模和空间失配的问题。城乡教育布局的优质均衡调配亟需科学决策。

1.1.2 城乡就学问题的应对

在上述背景下，对于农村学校资源的撤并和城区学校资源的扩充，地方教育部门面临决策随意的困境。事实上，农村学生流速快、增量大，刚性需求坚挺，但长期以来农村地区优质教育资源供需矛盾突出，学校配置的工作重心仍向城镇倾斜，农村基础教育整体水平与城镇存在较大差距（姜佳函，2022）。这将继续推进学生进城，以至于城市教育取代农村教育。集中发展城镇教育是客观趋势下的效率选择，而分散办学保育乡村文明又是公平要求。究竟是走偏向前者的传统城镇化道路，还是走向兼顾两者的城乡一体化道路，是应对城乡就学问题必须明确的。

新型城镇化发展重要的关注点是城乡义务教育资源的优化配置。十八届三中全会明确指出，要统筹城乡义务教育资源配置，破解择校难题。《国家中长期教育改革和发展规划纲要（2010—2020年）》将义务教育的均衡优化发展作为战略任务。这就要求在城乡一体化发展视野中，为城乡居民提供大致相同的基本公共服务，促进城乡教育的均衡发展：一是修复、改善和提升农村教育，弥补学校服务短板；二是在城镇地带扩容建新校满足随迁子女教育需求；同时，规范和治理进城择校的行为，充实改善村镇中心学校，促进学生回流，多管齐下优化城乡之间、城镇内部的学校布局结构（赵垣可，2020）。

作为引导各地城乡一体化发展的重要管理手段，教育设施布局是公共服务设施布局中的重要一环，能有效引导城乡人口流动。如何建立城乡一体化的义务教育发展机制，利用更精细化的研究和更具针对性的管理措施，进行学校优化布局的政策设计，是城乡义务教育资源均衡配置的重要问题，也有利于加快缩小城乡差距，促进城乡协调发展（夏竹青，2015）。因此，应建立系统观，基于人口变动的客观需求合理布局教学点，因地制宜配置教师资源，科学疏导学龄人口就学格局，促进义务教育均衡优质发展。

1.2 城乡中小学布局调整问题

1.2.1 传统规划方法的不足

已有常用中小学布局规划方法是在人口预测基础上，根据千人指标确定学位供给总量，根据中小学配置标准和服务半径确定各校大概选址、用地面积和规模等，保证技术要求（表1-1）。

基础教育设施规划工作的一般路径 表 1-1

规划阶段	工作内容
现状调研	调研现状中小学情况，获取学校布点、规模、班额等信息，确定城市发展方向、教委布局思路、学校发展意愿、居民设施需求等规划条件
人口预测	根据以往人口变化趋势、城市居住用地发展状况，对城市人口进行预测，按相关规范标准确定千人指标，得到适龄儿童需求分布数量（这里可以应用队列要素法、人口预测模型等方法更精确地预测学龄人口数量）
布局规划	根据中小学配置标准和服务半径确定各校大概选址、用地面积和规模等（这里可以应用 GIS 空间分析、选址布局模型等方法更好地支持供需匹配和学区划分）；对比现状尽可能减少重复建设，满足各方发展意愿
建设实施	在综合分析的基础上确定需要扩建、改建和新建的中小学校，保证数量满足未来发展需求，交由教委及其他建设主体实施

来源：根据文献（程萍，2014）总结。

这种方法简单易用，但学校配置标准与服务人口之间呈单一静态的线性关系，在应用中往往面临以下问题：

（1）难以应对人口及教育需求在数量和质量方面的变化。一方面，城乡学龄人口数量受到出生率变化和人口迁移影响而波动；另一方面，随着居民生活水平和机动化程度提高、居住类型的多样化以及多种社会经济因素影响，家庭择校行为的合理性也需要纳入考量。设施配套标准不易满足现实情况中不同空间和群体的多元需求，也难以应对学校与家庭之间趋于复杂的空间联系网络。

（2）作为规划政策的技术支撑时缺乏足够的说服力。对于新建地区，配置方案对接具体实施时存在偏差，政府配置的公共资源与由资本配置的住房市场之间没有系统的成本收益转换机制，学校欠配、少配情况较多，并压缩了调整余地。对于老城区，学区划分依据不足，实际就近入学情况堪忧。

（3）对空间资源配置原则难以有效贯彻和传达，甚至有使规划丧失价值认同的危险。受部门和地域分割、公众参与不足、工具简单等因素影响，规划难以预见整体效率损失和公平隐患。与此同时，规划本身的公正观还有待深入审视，公平与效率相协调的决策目标需要衔接现实情况进行具体化。

可见，在学校资源的配置评价和管理引导方面，依靠传统空间布局研究，难以实现教育资源的综合考虑和分析评价，采取的应对措施也相对单一，如何通过更有效的方法，引导学校资源配置的优化调整，是许多地方面临的紧迫问题。

1.2.2 新的规划方法探索

随着城乡地区人口流动、学龄人口规模变动、教育需求多元化成为常态，以满足义务教育需求为导向，合理配置设施空间资源已成为一项重要任务。目前，我国城乡中小学布局调整中存在着重效率轻公平、决策随意等现象，如何利用模型定量化进行中小学布局优化前评估、优化方案制定和比选，进行优化布局的政策设计，是城乡义务教育资源均衡配置的重要问题。

为此，中小学布局规划思维和技术方法需要系统性的改进。要根据人口流动预测，统筹考虑城乡地区常住、流动人口、学龄人口变化，以及人口密度、地理环境和中小学现状等因素，充分考虑学生的年龄特点和成长规律，统筹布局。要分类设置，合理布点，根据本地人口密度以及学生占比等情况，保证学校有足够学位。农村学校布局既要保障适度集中整合资源，提升教育质量，又要确保不因过度撤并带来上学过远、辍学及交通安全问题。而城市学校布局则要在老城区建设用地资源紧张，拆迁困难，难以新建、改扩建学校的情况下增加学位。学校布局调整与城镇化进程同步，遵循需求导向、校随人走原则。

因此，相关城乡规划编制技术与决策模式亟需大幅度改进：一是把握城乡发展和人口流动背景的动态性以及实际教育需求的不确定性；二是要追求规模合理、路径科学、效用最大的效率优化目标，以及从空间公平、空间公正到以人为本的需求识别的公平深化目标；三是要应对基本公共服务均等化和学区制改革背景下的政策设计要求。实际上，中小学布局规划是涉及设施选址（点）、学区划分（面）、校车选线（线）三个层面的综合问题，模型方法的引入为规划研究和实践提供了广阔空间。利用模型定量化地进行中小学布局优化前评估、优化方案制定和比选以及优化布局的政策设计，能够极大地促进城乡义务教育资源均衡配置。

作为新的规划方法探索，本研究的内核是"模型"方法的研究及其应用的验证。以城乡人口变化较大的典型地区四川省德阳市旌阳区、北京市通州新城、天津市西青区和江苏省邳州市为例，本书利用 DEA 评价学校资源投入产出效率，构建容量限制的交通成本最小、服务覆盖最大和设施数量最少的设施布局优化模型，采用启发式算法求解；最后通过比较基于需求的现实学区预测和基于供给的最优学区分布进行综合优化，指导学校资源调整、派位和布局优化，为教育和规划部门提供决策支持。

1.3 研究目的与意义

1.3.1 研究目的

本研究通过对城乡义务教育设施发展的研究和规划实践总结，选取东西部不同城市案例进行分析，发现我国东西部城乡人口密集地区在当前城镇化过程中教育设施发展的普遍性问题，提出可能的解决思路和途径。

目的是探索教育设施发展、教育资源配置的思路，总结当地学校评价、学生择校等方面的问题、规律，通过数学模型进行分析，并与案例地区发展实际情况进行验证，研究中小学布局与城乡空间发展、人口发展的关系，以及探讨应对城乡人口动态调整背景下义务教育设施发展应注意的问题和采取的对策，探索学校资源有效配置的方法，以期对各地义务教育设施规划有所借鉴。

1.3.2 研究意义

公共教育保障与其制度设置密切相关，定量研究是政策制定的基础。基于模型定量化研究提出中小学布局优化的政策路径，有助于确立适合我国国情的教育保障机制。城乡义务教育资源空间优化配置，既关系到国民教育公平，也关系到教育经费使用的效率。对中小学布局进行定量化研究，有助于确立中小学优化布局的标准，摆脱目前中小学布局调整中的随意性。

基于城乡人口变化的中小学布局优化研究，从整体上有助于提高各个阶段教育资源的合理分布、利用效率与公平供给，有助于推进农村城镇化进程，为义务教育设施布局规划提供科学依据。从家庭决策效用最大化出发研究学生择校意向，从机制上揭示家庭对孩子就学的微观决策过程，也有助于学校布局优化政策的具体实施。

1.4 研究内容和研究对象

1.4.1 研究内容

本研究的核心内容是利用中小学布局优化综合模型均衡有效配置教育资源，提出优化布局的政策路径。借鉴数据包络分析（DEA）模型和 Mixed Logit 模型的分析评价方法，对教育设施进行"投入—产出"分析及布局调整优化。包括以下四方面。

1. 利用 DEA 进行中小学布局现状评估

利用线性规划方法对学校现状进行相对有效性评价，寻找学校办学效率高低原因及可能的改进方向。采用 CRS 模型和 VRS 模型计算学校教育资源配置的技术效率和规模效率，得出每个学校（DMU）综合效率的评价指标，确定有效的 DMU。利用 DEA "投影原理" 分析各 DMU 非 DEA 有效的原因及其可能改进方向。其中，投入指标包括教师质量、生均就学距离等，产出指标包括学校统考平均成绩等。

2. 利用 Mixed Logit 模型预测就学人口择校需求

运用 Mixed Logit 模型进行就学人口择校意向评估，确定各阶段就学需求。基于历史数据、产业发展、收入等进行城乡人口变化预测。采用 ML 模型计算学校规模、学校质量、离家远近、家庭收入、进城时间等对择校的影响，确定不同类别、不同背景就学人口的择校意向，揭示家庭对孩子就学的微观决策过程，预测城乡人口变化背景下的各阶段各级各类就学需求规模。

3. 利用 DHCM 综合模型进行空间优化配置

以各阶段学校布局空间成本最小化（含校车接送成本）、空间全覆盖为目标函数，以多级、多阶段、规模、教学质量、空间可达性等作为约束条件，构建中小学布局优化综合模型，利用启发式算法进行求解。

4. 利用模型结果提出优化布局的政策

实地收集统计数据，进行问卷调查，开展中小学布局空间优化计算与优化政策研究。

1.4.2 国内教育资源差异研究综述

从近十年的县级人口普查来看，全国流动人口分布的空间格局较稳定，流动人口向内陆地区省会等特大城市集中趋势明显，分布重心北移。省内县际的流动人口规模接近于省际流动，且有更高的意愿和更强的能力永久居留城镇；远距离流入东部地区的人口在务工之外，对享受城市生活也开始有所考虑。中国的人口流动是以乡城流动为主的基本模式，大规模的人口流动对流入地城镇化水平提高有显著贡献，是引致全国城镇体系的等级规模结构和空间布局模式变动的主导力量（王桂新，2021；刘涛，等，2015）。

值得注意的是，不同的城镇化程度会导致不同地区的教育资源拥有度产生差异，因而城镇化的发展会对我国的城乡基础教育均衡发展造成一定的冲击。

基础教育资源与城镇化具有密切的关联性，从我国中小学生师比的变动情况来看，我国基础教育资源（以生师比水平表示）相对充足水平存在较为明显的波动。特别是2000 年之后，我国城镇化进程明显加快，对应于基础教育资源水平的迅速提升，并且基础教育资源水平的变化先于城镇化水平的变化（图 1-1）。

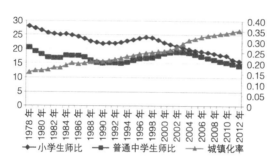

图 1-1　1978—2012 年我国基础教育资源水平与城镇化率变化
（周海银，2016）

进一步地，从分地区视角考察，我国基础教育资源水平和城镇化率存在显著的由东到西逐步递减的阶梯形变化，并且二者变动趋势依然存在明显的关联性（图 1-2）。我国的城镇化建设是在人口多、资源相对短缺、生态环境比较脆弱、城乡区域发展不平衡的背景下推进的，在过去的城镇化建设中，往往更关注城镇化的速度，而忽视了城镇化的质量。

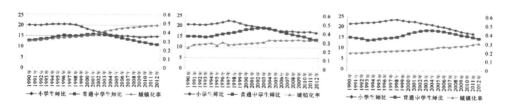

图 1-2　1990—2012 年东、中、西部地区基础教育资源水平与城镇化率变化
（周海银，2016）

分析城镇化程度差异导致地区资源拥有度不等的原因主要如下。

1. 区域间经济发展差异导致教育投入具有差异

当下我国基础性教育的管理权归属于地区政府，自 2002 年后，其管辖区域内的义务教育相关经费、人力和物资均要由县级政府自行进行筹备，中央政府将不再对义务教育进行直接输血，而是将工作重心转移到了对高等教育的规划发展的支持上。而这种制度的实施直接导致了一个地区的义务教育发展水平直接与该地区本身的经济文化发展程度相挂钩，而城镇化程度会影响地区间的经济文化发展。我国不同地域间的经济文化的巨大差异使得各地区政府对于当地的义务教育投入天差地别，区域间的义务教育经费差距也由此而来，有研究表明基础教育经费投入对小学升学率存在积极的影响（田立勇，等，2014），因而不同的城镇化程度会直接对义务教育经费产生影响。

2. 义务教育的转移支付制度存在缺陷

由于城镇化程度的不同导致各地区各级政府间自身条件不同，财政实力存在一定差异，为了能够使均等化思想在公共财政服务中落实，相应政府间会将一定量的资金进行相互间的划转，而这种划转是无偿的，其与现下实行的分税制相匹配，达到相应的财政平衡，我们称之为政府间的转移支付。但是由于没有统一的规范使得转移支付存在缺陷，转移支付的过程会影响最终的经费使用效果。

3. 地区政府执政思路、投资侧重差异

义务教育资源的差异，除了上文所说的由于地域间的经济文化水平的差异所导致，更主要的是当地的执政者将本地区的教育事业发展的重要度放在什么样的地位上，其财政上的投资习惯是否倾向于教育支出。事实上，现实生活中就存在当地地区经济相对落后但教育水平却由于当地财政的全力支持达到了较高的水准的实例，这就与执政者的投资理念和执政发展规划有直接关系。

4. 地区基础教育师资水平不均衡

师资是教育水平高低的一个最重要的因素，在基础教育环节，教师的作用显得尤为突出，他们在教育教学活动中起着主导作用，对教育教学有直接的、重要的甚至可以说是决定性的影响。我国在师资水平上明显存在阶梯性差异，尽管大规模人口流入导致东部地区相对师资数量增长较慢，但人口依然倾向于向发达地区迁移；中部地区师资水平处于平均水平，加大师资数量的投入能够弥补师资质量的欠缺；西部地区虽然教师相对数量增长较快，但由于师资水平的局限，降低了其对教育资源的带动力。

综上所述，不同的城镇化程度会对地区的教育资源水平造成影响，形成一定的差异。这种背景下，以举家迁徙为特征的城镇化带来义务教育需求流动趋势明显，规模可观。同时，我国东、中、西部城镇资源禀赋差异巨大，经济、社会、文化发展现状和政策很难一概而论，分类指导、因地制宜，是各地教育城镇化推进必须遵循的基本原则。

1.4.3 选取研究对象

基于以上原因，本书选取了城镇化水平、人口流动特征以及教育支出占比都各具代表性的四个城市作为研究对象（图 1-3、图 1-4）。其中，天津西青区为东部沿海发达城市发达区县的代表，邳州市为东部沿海发展中区县的代表，北京通州则代表东部发达城市的发展中区县，德阳为西部发展中区县的代表。

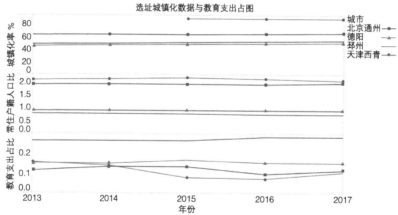

不同年份的城镇化率，常住户籍人口比与教育支出占比的趋势。颜色显示有关城市的详细信息。
数据来源为各地统计年鉴、统计公报以及教育年鉴。天津西青区 2013—2014 年城镇化率数据缺失。

图 1-3 选取的四个研究对象城市城镇化指标对比图

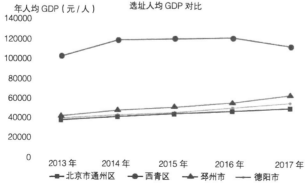

图 1-4 选取的四个研究对象城市人均 GDP 对比图

研究选址涵盖了我国东西部地区以及不同的城镇化水平，本书以此四个典型的教育城镇化地区为研究对象，结合教育设施规划的具体项目实践作为基础材料和分析支撑，对其人口、城乡发展、教育设施布局和教育资源配置方面进行实证分析和研究。

1.德阳市

德阳是我国西部地区城市，是四川省统筹城乡发展的三个试点市之一，截至 2018 年年底城镇化率达到 52.4%，并处于快速发展阶段，面临新型城镇化发展背景下的新要求，城乡关系将更注重统筹发展。

2008 年德阳遭受了汶川地震的损失，在震后迅速开展了恢复重建工作，城乡教育设施建设恢复到震前水平，乡村地区学校建设规模比震前有所扩大，目前呈现供给过量的现象。在德阳当前城镇化进程持续推进的形势下，乡村人口将进一步向城市、场镇转移，在城乡一体化和新型城镇化发展背景下，乡村部分地区也可能存在人口的其他调整，迫切需要统筹调配德阳城乡教育资源，重点考虑乡村地区学校资源富余带来的影响。

在学校资源的配置评价和管理引导方面，依靠传统空间布局研究，难以实现教育资源的综合考虑和分析评价，采取的应对措施也相对单一，如何通过更有效的方法，引导学校资源配置的优化调整，是德阳市面临的紧迫问题。

2. 北京市

作为首善之区和区域经济龙头，北京资源累积与人口虹吸效应显著，2021 年年末城镇化率已达到 87.5%。目前北京市仍然处于人口增量型的城市化发展阶段，质量型城市化将进一步成为北京市未来城镇化过程中的主要挑战，尤其要求提升公共服务质量的均衡程度。

在人口疏解政策的大背景下，全市义务教育资源质量分布的路径依赖性强。一方面中心城区优质学校一位难求；另一方面边缘地区新增教育空间数量增加易，品质提升难，基础教育资源"质"的分布不均是问题常态，外来人口比例高的城镇边缘地区也是亟待提升教育质量的地区。北京市村级数据实证研究表明，职住空间一体化或职住临近是城市外来人口工作、生活空间的重要特征。近郊区是中心城区外来务工人口的主要聚居地，依托远郊地铁站、村镇就业机会和县乡道等条件也是外来人口聚居的重要因素（刘涛，曹广忠，2015）。因此，北京市基础教育资源配置的引导方向也是公共服务配套薄弱的近郊。

目前，通州教育发展稳定，区内供需基本平衡，学校品质和数量有待提高。作为全市外来人口集聚地，加上 2012 年北京市委、市政府提出"聚焦通州战略，打造功能完备的北京城市副中心"，明确了通州作为北京城市副中心的定位，新城还将继续承载大量基础教育需求。基于现实就学需求进行定量化的学校派位和公平评价研究，将对该地区学校布局规划有重要参考价值。

3. 天津市

作为北方国际航运核心区、金融创新运营示范区、改革开放先行区，天津市服务北京非首都功能疏解和雄安新区建设成效明显，2021 年年末城镇化率达到 84.88%，吸引了大量的外来人口，处于人口增量型的城市化发展阶段，以人的需求为核心配置空间资源，构建覆盖城乡、公平均等的公共服务体系，是天津市未来发展的目标。

近年来，天津市采取多项举措来推动并保证义务教育的均衡发展，取得了不小的成绩，但在城乡之间、区域之间、学校之间教育发展水平还存在较大的层次落差。首先，天津市区县间经济发展的差异，地方财政不等，教育经费作为教学资源的核心资源，天津市中心城区小学及初中生公共财政预算公用经费投入均高于周边区县；其次，重点校多集中于中心城区，集中了优质的生源及各类资源，与其他（县）区的义务教育水平逐渐拉大，形成了义务教育阶段的马太效应，也衍生了"择校热""择校难"等一系列社会问题，这是由于优质义务教育资源集中形成的一种集聚效应，中心城区、教育强区对于学生和家长的吸引力远远高于津郊地区，优质学校密集导致学生及教师的密度偏高（孙琳，2018），这也意味津郊地区的教育质量亟待提升。随着津郊地区的快速发展，吸引了大量外来人口，天津市基础教育资源配置的重点也集中在了基础薄弱的周边区县。

随着津郊地区的产业发展，津郊地区外来人口逐年增多，新增就学需求量大。基于现实状况，如何统筹社会资源，科学配置教育资源，制定学校的办学标准，建立共享模式，将是天津市教育发展的主要着力点。

目前，西青区基础教育设施配置基本满足当下就学需求量，但西青区未来良好的发展前景将会吸引大量外来人口。随着大量人口的涌入，预计未来西青区对于教育资源的数量与质量均会有更高标准的要求，目前的教育资源供给将会受到巨大挑战。

4. 邳州市

邳州市是我国东部沿海城市，作为隶属于徐州的县级市，邳州市 2018 年年末城镇化率达到 55.8%，处于稳步发展阶段，综合实力逐年壮大。

随着邳州市的全面发展，人口逐年增多，教育需求逐年增大，但总体基础教育设施配置情况落后，数量不足，基础教育设施过度集中的情况尤为突出。其中，中心城区进行区划调整后，将面临承载更多人口的挑战，而其他乡镇也存在区划变更所导致的人口变化，依据教育现代化目标对各类教育设施发展数量的要求，邳州需要通过规划提供足够的土地存量，结合科学的选位，确保设施的建设落实。

目前，如何根据需要寻求科学的教育设施配置标准，解决教育基础设施规模与目标不匹配、布局不合理的问题，是邳州市在实施建设规划导引过程中需要重点解决的问题。

1.5 本书框架

第 1 章：研究背景。从论题来源和依据展开阐述新型城镇化背景下义务教育设施的规划方法研究的目的、意义，确定研究案例对象。

第 2 章：中小学布局优化模型原理及国内外研究实践概述。

第 3 章：学校布局优化模型的建构。论述人口变化视角下城乡义务教育设施的评价模型，包括 DEA 模型、Mixed Logit 模型，分析学校发展的综合要素评价、教育资源调配等方面内容，给出关于学校效益分析、就学需求预测方面新的技术思路。

第 4 章：城乡一体化视角下义务教育设施布局模型应用的实证研究。以德阳市旌阳区学校布局调整为例，研究旌阳区城乡人口变化趋势、城乡建设发展前景，评价城乡义务教育设施投入、产出的效果，分析其中存在的问题，提出解决问题的建议。

第 5 章：副中心建设背景下学校资源均衡和布局优化研究。以通州新城学校建设为例，评价学校资源投入产出效率，构建容量限制的交通成本最小、服务覆盖最大和设施数量最少的优化模型，采用启发式算法求解；通过需求预测和最优学区分布指导学校资源调整、派位和布局优化，为教育和规划部门提供决策支持。

第 6 章：中小学布局优化规划实例。在面对实际城市问题时，中小学的布局优化需要有不同的针对性策略。这要求针对教育设施的规划工作应当结合当地实际，因地制宜。同时需要切实考虑当地的现状问题并且保证规划手段达成目标的可行性。本章以天津市西青区的教育设施专项规划及邳州市的教育专项规划为案例，展示 DEA 模型在中小学布局优化中的规划实际操作成果。

第 7 章：国内外学校布局优化案例评介。中小学布局调整需要多目标和多约束条件下的主客体信息互动反馈，其优化模型在不同背景下有不同的设计。本章介绍国外和国内各四个模型设计和应用案例，对不同布局优化方法进行比较分析，总结提出城乡中小学布局优化方法的选择原则。

第 8 章：研究总结与结论。对研究结果进行总结，提出基本观点，对德州市旌阳区、北京市通州新区的案例结论和不同的教育设施优化方法进行对比分析，提出研究创新点、不足和展望。

第 2 章

中小学布局优化模型概况

2.1 中小学设施布局优化基本模型

规划学科探讨学校选址和布局优化的理论源头是区位论（Location Theory），即研究人类产业和服务活动在地理空间的选择规律与组织优化的科学（杨吾扬，1989）。现代区位论思想建立在系统学、运筹学、经济学等学科基础上，借助数量统计、线性规划、GIS 等工具研究区位变化。选址（location）问题即在给定空间定位设施，是布局（layout）优化的模型基础[①]，作为运筹学的经典问题已有百余年历史。Weber 于 1909 年提出平面上单个仓库到多个顾客之间总距离最小的问题，正式开始选址理论研究。Hakimi 于 1964 年提出网络上多个设施选址的 P– 中位与 P– 中心问题，使其发展成为系统科学。Teitz 于 1968 年将新古典福利经济学引入公共设施选址问题，开创了相对于私人设施选址的新领域。1980 年代以来，一批学者将运输成本与需求设为随机变量，使选址问题从零散研究、系统研究进入不确定性的研究阶段（王非，徐渝，李毅学，2006）。

作为网络（network）上离散型（discrete）的多个设施[②]，中小学选址设定设施点、备选点和需求点位于数量有限的网络节点上，网络是联系各点的交通线路。Cooper（1963）最早提出多个设施选址的一类模型及其启发式算法，称为"选址—分配"模型（Location–Allocation Models）。经典选址问题包括覆盖问题、中位问题、中心问题。集合覆盖（set covering）问题是找到一定距离内覆盖所有需求点的最小设施数量或建设成本最小化；最大覆盖（maximum covering）问题是给定设施数量 P 和极限半径后寻求覆盖需求量最大化；P– 中位（p-median）问题是在网络上给定设施数量 P 后求至少一个最优解使权重距离最小；P– 中心（p-center）问题是求 P 个设施位置使所有需求点获得服务且每个需求点到最近设施的最大距离最小。此外，还衍生出了渐进覆盖、备用覆盖、分层选址、竞争选址和多目标选址问题等（万波，2012）。

2.1.1 "选址—分配"模型

学校"选址—分配"模型涉及的优化原则分为两类。一类是效率原则：①从居住

[①] 选址和布局的区别是前者关注设施本身，后者关注设施之间与在地的整体关联（ReVelle, Eiselt, 2005）。

[②] 选址问题的空间分为平面（planar）和网络（network）两类，每类都可再分为连续（continuous）和离散（discrete）选址问题，前者设施和备选位置可位于平面或网络任何一点（如直升机急救点、消防站），后者只能位于数量有限的预先选择的备选点（如发射塔、零售设施）（ReVelle, Eiselt, 2005）。

点到学校的总体或平均出行成本最小（P- 中位问题）；②学校在一定范围内覆盖的服务需求最多（最大覆盖或捕获问题）；③确定最少的学校数量满足一定距离内覆盖所有的需求（集合覆盖或完全覆盖问题）。另一类是公平原则：①满足最大上学距离即居住点与离它最近学校的距离最小化（P- 中心问题，符合罗尔斯的正义原则）；②最大或平均上学距离不超过特定数值；③所有上学距离的差异如均方差最小化等。学校选址一般被认为是 P- 中位问题，即使网络上所有需求点到候选设施点的加权总距离或平均距离最小。ReVelle 和 Swain（1970）首次建立了 P- 中位问题的 0~1 变量整数规划模型。Kariv 和 Hakimi（1979）证明了 P- 中位问题为 NP-Hard 问题，即不确定性多样式（non-deterministic polynomial）求解困难。其算法包括拉格朗日松弛算法、遗传算法、启发式算法、模拟退火算法、禁忌搜索算法等（ReVelle, Eiselt, 2005）。

基于以上原则，LA 模型联系供给、需求和交通成本三者，通过目标函数和约束条件求可行解或最优解，即确定一个或多个设施选址以及生源分配的学区划分。其分配子问题一般通过指派模型完成。指派模型按距离最短原则最先分配生源，学额已满后考虑距离次短选择，在不超过学校服务容量的前提下满足所有学生就学距离最短，但可能出现将学生分配到较远学校的情况（王冬明，邹丽姝，王洪伟，2009）。为克服指派模型造成服务飞地的情况，孔云峰（2012）建立了改进的整型规划模型，优先满足最短距离目标下居民点学生全部分配到学校剩余学额的要求，并开发了最优学区划分的 GIS 工具。艾文平（2016）基于公立学位有限的就近覆盖最大、可达性最优、距离费用最低的公私立混合派位模型调整了天河区小学学区。于洋等（2017）在主成分分析、公平性指数模型、最短路径分析和空间自相关评价基础上，以最小配置数量和最大覆盖范围原则优化了大郑镇学校布局。刘潇（2017）以最小化设施数量原则优化了武昌区小学布局。

相对于其他可达性基本模型，LA 模型的优势是用于存在备选区位的最优生源区（optimal catchment）划分。Møller-Jensen（1998）基于 GIS 向量工具的 LA 模型评估丹麦哥本哈根的公立学区容量和生源分布，提供了学校最优选址、容量、学区重划以及交通网络设计策略建议。Pearce（2000）以英国兰开夏为例，在假设学校绩效与其生源社会背景有关的情况下，提供了 Voronoi 多边形、考虑规模权重的 Voronoi 多边形、限定通学距离的 LA 模型三种方法确定学校生源区，并联系学校绩效与地区人口普查数据，表明学校绩效与学区的社会剥夺之间有清晰关系，而 LA 模型建立学校和生源联系的潜力相对最佳。Deruyter 等（2013）基于 LA 模型和网络分析构建了自动适用模型决定每所学校的服务范围，将基于现状人口的服务覆盖区与实际情况对比，指出问题热点区域并预测未来容量问题，且应用于根特市弗兰德地区学前学校。

2.1.2 多约束条件：容量限制与设施分级

LA 模型常用的约束条件是容量限制，研究学校规模限制条件下多级学校空间配置问题，避免学校过大或过小规模带来效率损失，从供给角度配置学校设施。Maxfield（1972）基于五种线性规划的原始和对偶分析，研究了减少超额的转学和分配生源方案。Heller（1985）提出带规模约束的模型整数解出现频率与系统容量和待分配需求之间的接近程度有关。Bahrenberg（1981）将有最小班级规模限制的最大覆盖模型应用于联邦德国农村学校布局。Pizzolato（1994）将改进的启发式算法应用于大规模 P– 中位模型求解，评估了里约热内卢的公立学校布局。Lorena 等（2004）运用列生成方法解决大规模带容量限制的 P– 中位问题。Pizzolato 等（2004）讨论了有无规模约束的 P– 中位模型两种情况，应用于巴西学校选址。

另一个贴近现实的约束条件是，学校作为分级系统按不同层次水平提供服务。Moore 和 ReVelle（1982）提出分级带容量限制的覆盖最大化选址模型。Galvao 等（2002）研究了里约热内卢的保育设施多级选址问题。Galvao 等（2006）对此通过拉格朗日启发式算法提出了总距离最小化和负载不均程度最小化的三级设施配置模型。Yasenovskiy 和 Hodgson（2007）基于空间相互作用和 LA 模型构建了多层级服务设施的选址模型。Teixeira 和 Antunes（2008）提出嵌套的可达性最大化、设施最大最小容量及分配容量限制下的分级 P– 中位模型，应用于公共学校配置优化并讨论了单一、就近和路径分配二种模式。

引入规模和分级约束也是我国对学校选址模型进行研究的主要改进方向。万波等（2010）以武汉市经开区学校优化为例，基于分段效用函数建立了分级带容量限制的中位模型，同时考虑了设施开放与关闭的数目限制。彭永明和王铮（2013）在 P– 重心模型基础上增加上学最大距离不超过某一阈值的约束条件，保证偏远农村学生上学相对方便和加权距离和相对最小，并应用于山东省某镇小学选址。戴特奇等（2016）以北京市延庆区小学布局调整为例，在最大距离约束的 P– 中值模型中增加了学校规模约束，采用分支界定算法求解，发现增加规模约束后学校布局更加分散。

2.1.3 多目标准则：效率优化与公平优化

作为公共资源配置的系统工程，学校布局优化需要同时满足效率和公平目标，考虑公共预算限制、规模经济效益、生源平衡等现实情况并面向多重利益主体。LA 模型一般优化原则遵循的是传统的可达性最优的思维，而教育资源分配是多目标（multi-objective）决策问题。本章前两节指出，量化的空间公平原则还包括：①分配的公平：各单元或学校的软硬件资源投入对于服务对象均等（投入均等、产出均等或供需匹配程度高）或集聚水平低（相对差距在合理范围内）；②可达性的公平：各居住点计算的可达性水平均等或相对差距最小。这里②可被①和公平的优化原则同时满足。但与此同时，还应当关心学校系统运行的规模效益和教育资源的投入产出效率：①一定投入下产出最大化（技术效率），②一定产出下成本最小化（配置效率）（Malczewski，Marlene，2000）。

总结起来，学校布局优化目标包括：①可达性的效率和公平；②资源分配的公平；③资源配置的效率。在资源有限的条件下，资源配置公平未必能同时满足效率最高（孔云峰，李小建，张雪峰，2008）。同时，这些目标在原理上有冲突性，实现资源配置效率会损失可达性公平或资源配置公平，撤点并校就是范例。再考虑利益相关者的不同目标偏好、道义上对弱势群体的倾斜等，问题会更加复杂。

这就需要建立多目标、一定约束条件下、多种方法结合的学校布局优化模型。Malczewski 和 Marlene（2000）提出了多准则决策（multiple criteria decision making，MCDM）问题原型及其常用的五种分析方法：

一是帕累托最优（Pareto optimality）分析，如比较学校关闭前后的效用水平（Lerman，1984）。

二是 DEA 评价，将交通成本与资源投入、成绩产出等不同量纲指标纳入绩效系统。

其中，利用数学模型评价学校发展和教育资源配置的数据包络分析方法（DEA）应用较早较成熟，对学校办学效率、学校布局选择等具有较好分析效果。20 世纪 70 年代，Bessent 等以美国加州某学区 50 多所小学为样本，选择数学成绩、学生阅读量、家庭经济情况等 11 项投入指标研究学校办学效率，证实了学校办学效率的差异及提高效率的方向；Chalos 等以美国伊利诺伊州 200 多所小学为样本进行 DEA 研究，指出财政、税收政策改革对学校效率带来积极影响；Mancebon 等以英国汉普郡 170 多所小学为样本，在分析办学效率的基础上解释了学校无效的原因（梁文艳，杜育红，2009）。

三是参数线性规划（parametric programming）方法。经权重或约束定义将多目标转化为单一目标的线性规划问题，在传统可达性效率目标之上考虑分配公平。Diamond 和 Wright（1987）提出了距离、安全性和学校效用等多目标限定学区边界的学校合并模型。Berman 和 Kaplan（1990）在距离最小化原则上增加了税收补偿平衡用户效益的模型目标。Schoepfle 和 Church（1991）提出了服从学校规模和生源种族平衡约束的配置成本最小化模型。Church 和 Murray（1993）对 Diamond 纠正了关闭小规模学校的选择性偏差，提出改进的多目标规划模型应用于学区合并。Marsh 和 Schilling（1994）总结了分析易处理性（Analytic tractability）、适用性（Appropriateness）、公正性（Impartiality）、转移原则（Principle of transfers）、量纲不变性（Scale invariance）、帕累托最优（Pareto optimality）、标准化（Normalization）7 种特征之下设施选址问题中公平度量的 20 种方法。Drezner T 和 Drezner Z（2006）在总距离最小化目标之外，以重力准则下的设施服务规模方差最小化作为公平目标。Ogryczak（2009）检验了与距离最小化目标并行的方差最小、选择机会、平均产出的 Gini 系数与 Lorenz 曲线等公平性度量方法应用条件。

四是目标规划（goal programming，GP）方法。作为线性规划的延伸，目标规划寻求多目标分级条件下目标与期望的偏差最小化，在美国应用于种族平衡、机会均等、交通与容量效用最大化的校车规划（Lee，Moore，1977）；在英国应用于生源衰减背景下的学区空间再组织（Sutcliffe，Board，1986）。

五是允许多个决策主体互动参与的 DSS（decision support system）-GIS 系统。此类系统在信息传递、反馈和确定多目标偏好的效率方面优势和前景明显。Taylor 等（1999）指出学区委员会决策信息不足，只根据外在具体信息决策的缺陷，对北卡罗来纳州约翰斯顿郡提出人口预测、超额可视化、规划分区、最优选址、学区划分的五步骤综合规划过程，满足就学格局优化和种族平衡等多目标。Caro 等（2004）提出整合多目标线性规划和 GIS 的学区重划模型，应用于费城的两个实例，指出结合客观目标和多主体主观判断定义多准则问题。

2.2 中小学就学可达性影响机制研究

以上方法从空间供给的规模、距离角度考虑中小学设施布局优化。而从实际的空间需求角度，学校与家庭之间关系复杂。作为度量和规划公共服务空间布局的经典工具，可达性（accessibility）是联系供给与需求的核心（Pooler，1995；Talen，et al.，1998），指从给定地点到其他工作、购物、娱乐、就学或就医地点的方便程度（Wang，2014）。广义的可达性指获得服务需克服物理距离（physical distance，如时间与金钱成本）或社会障碍（social barrier，如种族歧视）的努力（宋正娜，等，2010），可根据显性与隐性、空间与非空间组合划分成四种类型（Khan，1992，表 2-1）。

表 2-1

可达性的分类含义、研究方法与涉及对象

分类	定义	空间（spatial）	非空间（aspatial）	研究方法
隐性	对服务的可能使用	使用设施的空间障碍或促进因素	与人口和社会经济变量有关的地理障碍或促进因素	模拟、模型
显性	对服务的实际使用	使用服务的频率水平	使用服务的满意度或社会障碍等	调查、实证
	涉及对象	客体设施	主体使用者	

资料来源：根据（Wang，2014）整理。

而狭义的可达性指起点到终点的容易程度（Kwan，et al.，2003），受到链接形式（由交通路网与出行方式构成）、起点（公共服务的获得者，具有性别、年龄、支付能力等客观特征，特征和文化、偏好、感知等主观特征）和终点（如学校等各类设施，具有区位、等级、规模、质量等）三者共同影响（Shen，1998）。三要素决定可达性的研究定义，将空间视为社会关系作用的产物，从而度量潜在或实际的资源获得量。已有研究中，隐性的空间可达性，即起点到终点潜在的容易程度，或设施使用的潜在可能性，得到了最广泛的应用（Wang，2016）。而显性可达性，即资源的实际可得性，如区位资源差异与隔离程度、学校实际服务范围、不同群体出行方式等，更揭示实际的空间使用情况。显性可达性研究影响隐性可达性的度量，从而揭示中小学选址布局需要考虑的社会因素（图 2-1）。

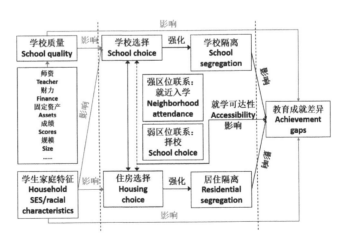

图 2-1　基于就学需求的基础教育空间影响机制总结

基于"社会—空间"思辨可建立基于就学需求的基础教育空间影响机制框架（毕波，2018）。其中，学生家庭社会经济背景与教育成就直接相关；学校质量（包括种族隔离程度、教师质量等）直接影响教育成就（Hanushek，2014），也是影响家庭择校

的重要因素。由于择校和同群效应存在，学校隔离影响教育成就。同时，教育作为一种区位资源是家庭居住迁移的重要驱动因素（Clark，Onaka，1983）。在不同政策下（就近入学或择校）家庭对学校和邻里的选择影响居住迁移决策；出于居住选择和邻里效应，社区分异也影响教育成就。

学校是扩大社会再生产的场所，家庭教育选择不可避免，几乎决定了教育资源空间配置不均的必然性，以及学校设施布局优化的必要性。除了学校质量与学生家庭因素本身、与空间有关的学校内同群效应（或学校隔离）、社区邻里效应（或居住隔离）等影响之外，就学可达性也影响教育成就，并受到择校、政策、空间形态等多重复杂因素影响。特别是与其他公共服务设施可达性不同，就学可达性受到就近入学或择校的政策背景影响，从而影响其度量逻辑及学校设施的优化方法。以下从家庭择校、政策以及空间形态方面综述就学可达性影响机制研究，佐证一些新方法应当考虑的社会因素。

2.2.1 家庭择校因素影响

首先，学校（教育质量等）与家庭（社会经济特征等）两端的社会因素左右的择校关系影响就学可达性。隐性可达性的度量方法一般是将学校质量因素模型化，考虑选择偏好和概率的则较为复杂[①]。在实际可达性相关因素研究中，代表学校质量的规模、绩效等因素，以及代表家庭选择能力和偏好的社会经济属性都被考虑在内。学校绩效、招生范围内的社会经济构成影响对学校的选择和居住的选址，进而影响潜在的出行选择和平均就学距离（Easton，Ferrari，2015）。从供给端来看，可以基本确定的是，质量更好的学校吸引距离更远的就学家庭。沈奕（2011）利用问卷数据对巢湖区基础教育设施进行评价发现，家庭择校首要影响因素是教育质量，优质教育资源不均衡使设施实际服务半径大多超出规划意图；即使获取服务的直接成本方面公平性较好，优质教育资源仍呈现向高收入、高学历家庭集聚的特征。张晨（2012）对杭州西湖区的类似研究也发现，教育质量是学校吸引力大小的主要影响因素。

但从需求端来看，家庭社会经济特征与其上更近还是更远学校之间关系复杂。Talen（2001）使用西弗吉尼亚84所小学学生数据，通过等级检验方法研究了就学可达性在不同居住密度和社会经济地位居民中分布的公平性，支持了出行成本与社会经济地位（SES）关系不完全一致的"非模式化不平等"（un-patterned inequality）解释。Easton 和 Ferrari（2014）为验证优质小学学位竞争加剧是否导致其招生区收缩，利

---

① 比如Huff模型及扩展模型就将居住者对设施的选择概率视为设施规模的函数。

用谢菲尔德市路网和学生出行数据[1]对小学服务范围进行了平滑绘制，并与学校质量和人口社会分布叠加，发现由于富裕程度与居住密度的相反关系（富裕地区居住密度低，贫困地区居住密度高），富裕邻里的就学范围更大，而贫困邻里的就学距离更短。他们的另一项研究（2015）基于 2009—2011 年谢菲尔德 26709 个 11~16 岁学生数据使用交叉分类多层级模型分析学生出行选择是否受到固定因素（如年龄、性别）和随机因素（就学距离）影响，支持了其他研究中通学距离是出行方式选择关键的结论，但也发现社区和学校的社会聚集程度对距离的影响很重要：通学距离随种族变化很大，白种英国学生通学距离在所有种族中最短。Loo 和 Lam（2015）通过潜在路径空间范围和加权的可得学位数量两个时间地理指标度量可达学校机会对香港儿童就学出行方式的影响，基于多层模型分析个人、家庭和邻里因素的互动关系，发现近 90% 变化解释来自个人水平变量，而邻里因素虽然不是决定性的，但对可得学位数量产生影响。

在我国就近入学政策背景下，择校对就学可达性的影响通常由区位（如居住选择、房价影响）研究代表，但少有实际就学格局中的择校因素影响研究。而择校现象的客观性不容忽视。北京市中小学生择校调查表明，多数北京市学生家长、学校领导、教师对择校持赞同态度，择校有利于充分利用、开发优质教育资源，并弥补教育经费不足（胡咏梅，等，2008）。根据北京市城乡规划实施的民意调查（2013），37.4% 的家庭宁可远也要上优质学校，导致质量不同的小学冷热不均（徐碧颖，周乐，2014）。除了大城市之外，在当前的城镇化趋势下，农村学龄人口就学选择也受到相当多因素影响（张艳，等，2015；张丽军，2015）。

2.2.2 政策（区位）因素影响

其次，就学可达性的特殊之处是与特定入学政策有关，与其他公共服务设施的可达性不同。英美国家的邻里学校（neighborhood schools）类似我国的就近入学政策，录取条件受居住地点限制；另一类是录取不考虑或部分考虑住址的择校（school choice）。政策隐性可达性研究会考虑政策问题，如择校假设、学区划分建议等。但对于显性可达性研究，政策背景更是决定性的前提，因为择校因素影响在不同政策背景下的表达情形不同，构成不同形式的社会障碍；不同政策下学校质量影响居住区位

---

① 学生数据包括家庭位置、所上学校、年龄、性别、种族、免费校餐资格（FSM）、特殊教育需求（SEN）、单时间点交通模式（single time-point mode of travel）；路网数据包括机动车路径（driving）、步行路径（walking routes）、尽端路密度（cul-de-sac density）和结点密度（junction density）。

的选择、房价和社区分层的方式是不同的①（Brunner，2013）。在就近入学政策下，由于学校选择传递到居住选择，区位与就学机会相互作用，教育成就差异的空间格局往往与居住格局一致；学校质量影响学生认知水平、个人收入、人力资本积累，同时学校以外的邻里环境影响教育成就、种族聚集程度、教师质量等；在不同学区（如城市和郊区），成就差异由学校和邻里情况共同反映（Hanushek，2013）。因此，就近入学政策下的可达性意义含于区位之中，由区位资源差异或隔离/分异程度等代表。区位通常决定一切，限定特定收入人群对公共服务的可达性（Harvey，2010）。

　　而在择校政策下，显性就学可达性被资源的实际可得性，如生源在学校和学区的分布所反映。Parsons（2000）以英国 Northwick 为例，研究了家长择校因素瓦解了地理上传统定义的学校生源区、生源跨学区流动的情况，发现内城生源区渗透性最高，择校政策导致区间学生流动性增强，而中产阶层和农村地区儿童最不可能进入本地以外的学校。Burgess 和 Briggs（2010）分析了英国择校政策背景下家长择校需求与热门学校录取规则对生源分配结果的影响，将生源分配作为区位（邻里、声誉、距最近好学校距离等）和非区位因素（学校成绩、生源构成、学生贫困程度等）的函数。他们用模型分别控制两方面因素，发现贫困儿童上好学校的机会低于非贫困儿童，且区位对两者分配差异产生重要影响，贫困家庭儿童上好学校的可能性在本质上不被择校程度所影响（在择校背景下，热门学校仍以生源居住就近程度作为录取标准之一）。与此同时，相对于就近政策，择校政策同样会加剧教育隔离。Hamnett 和 Butler（2013）总结了不同学校体系下，距离通过入学政策影响家长择校，起到减少、强化和再生产教育不平等格局的作用：在荷兰、丹麦允许宗教自由和私立学校盛行的情况下隔离现象普遍；而有限择校的学区制下学校的种族隔离比居住隔离更显著；伦敦基于离校距离排序的入学政策强化了现有的居住和学校隔离格局。总之，择校政策下的就学可达性考虑更复杂，无论任何政策，区位（学校和邻里）的隔离都是教育设施布局优化公平层面的考虑因素。

2.2.3 空间形态因素影响

　　此外，相对于家庭择校和入学政策较为宏观层面的影响，实际的就学可达性（以

---

① 教育选择在就近政策下传递到住房和社区选择，符合蒂伯特假设（Tiebout hypothesis），导致社区种族和经济分层，白种、高教育、高收入家庭选择高质量学校社区；而切断学校质量和居住区位的联系，择校项目改变家庭选择社区的方式，也潜在地影响房产价值，能够减少社区间收入和房价的不平等（Brunner，2013）。

出行方式为主）选择步行等绿色出行方式的在中微观层面受空间形态因素影响。Stewart（2011）总结了 42 个研究中 480 个与积极就学通勤有关的因素：包括离校距离、家庭收入（私人交通所有权）、交通与犯罪顾虑、父母对步行、骑行和家庭时间表的考虑等，发现城市形态（urbanform）[①] 对出行方式选择有直接影响，或通过父母观念产生间接影响。Schlossberg 等（2006）发现邻里的道路交叉口与尽端路口密度是俄勒冈中学生步行率的重要预测因素。Gallimore（2011）在尔湾—明尼苏达的研究发现提供安全性、可达性、愉悦性和多样性、路过开敞空间的新建城市街区道路，促进家长和学生的就学步行性。Kemperman 和 Timmermans（2014）发现荷兰小学生更可能在城市化程度高的邻里选择步行就学。可以认为在城市化程度高、功能混合、路网密度高、步行安全的邻里，积极就近入学情况更好。

不过，作为内因的家庭社会经济特征通常混合于作为外因的城市形态因素中产生影响。Stead（2001）发现个人与家庭的社会经济因素比城市形态对于解释出行格局更为重要。Timpero 等（2006）对墨尔本 5~6 岁和 10~12 岁年龄组学生的调查发现父母对邻里较少儿童的感知、较少路灯和交叉口及频繁的路面障碍是积极就学通勤的负相关因素，且他们更可能在就学路径小于 800m 时选择步行或骑车上学。Davison 等（2008）的文献综述指出学校及周边环境因素、个人和家庭因素即人口因素都是儿童积极通勤行为的预测因素。Aarts（2013）发现低 SES 邻里与积极通勤之间有负相关关系，而高度的社会融合和安全感知与慢行正相关。多数研究同意影响就学出行的主要空间因素就是从家到学校间的距离，但出行特征与个体社会经济特征关系是密不可分的（Easton，Ferrari，2015）。

在地方尺度，适于从个体时空出行层面测度时空可达性。时空可达性不仅受物理空间影响，还受到复杂的个体时间行为特征制约（江海燕，等，2011）。Hagerstrand（1970）提出分析个体可达性的时空地理学视角，总结了个体获得公共资源的可达性与不同人群和行为系统的匹配关系。Lenntorp（1978）对瑞典市民日常通勤活动的研究发现其可达性与城市教育设施和土地交通一体化关系密切。王侠等（2014）以西安市为例，从就学日常行为角度得出不同家庭成员出行特征及"住—教—职"活动模式对就学接送方式决策的影响，发现家庭出行时间成本差异，提出以出行时间划分服务范围和公交整合土地利用的可达性优化思路。可见，在较大尺度上优化就学格局需要考虑资源及生源分布特征、距离等因素，而较小尺度需要结合时空出行的混合影响因素考虑。

---

① 城市形态因素包括：积极交通设施（如人行道、骑行道、十字路口等）、障碍（如主要道路交叉口）、网络连接性（本地路网）、土地混合程度、居住密度、可步行性（如绿化环境）等。

2.3 国外城乡中小学布局调整研究和实践

世界各国在城镇化进程中都面临学校布局调整的难题，在追求教育公平与提高教育质量之间面临选择和取舍，在城镇化现实需求的推动下也衍生出了多种方法。

学校撤销和整合是农村学校布局结构调整的重点，但需同时兼顾方便入学和以人为本的原则。比如美国在 20 世纪 50 年代末加速了农村并入城市的学校和学区合并运动，影响了城乡学校配置关系[①]。这使美国在 1930—1974 年之间学区数量从 119001 个减少到 16730 个（杨史瑞，2013）。在大规模学校合并产生问题之后，美国于 20 世纪 70 年代以来推行了小规模学校运动，扶持农村小规模学校，提高农村小规模学校的教师水平（李新翠，2012）。

学校布局调整的关键，是要确定科学标准，提高学校布局调整的科学性和规范性，避免盲目撤点并校。如美国亚利桑那州制定了"学校生存能力标准"，确定什么规模的学校应被关闭或合并；韩国从 20 世纪 80 年代开始至今，通过三个阶段学校合并政策的调整，对学校进行了整合，并保证整合后学校的均衡发展问题（李新翠，2012）。

国外学术界对于中小学设施选址和布局调整决策的研究前沿，主要体现在以下三方面：①中小学动态布局选址问题：研究未来若干时间段内学校的最优选址问题。在城乡快速动态变化背景下的需求变化预测仍是难点，动态布局问题是目前国际研究前沿。②特定背景下学校合并、关闭、学区调整的效应评估：即各地区人口变化和布局调整政策带来的多方面影响研究。③中小学校车接送站选址问题：也称 Hub 选址问题，研究就学需求产生在路线上（OD 对上）的问题。在学生从 O 点（家里）出发到 D 点（学校）的过程中接受接送站服务。中转站的动态选址是重点和难点。

2.3.1 应对动态变化与不确定性

多阶段的动态选址问题是国际研究前沿，即未来若干时间段内学校的最优选址布局，涉及现有条件基础上根据人口变化和规划目标进行新校选址、旧校关闭、学区重划与合并等。Antunes（2000）提出适于设施状态和规模动态变化的多阶段布局优化模型，在空间可达性、预算、容量和设计标准条件下应用于葡萄牙公共学校规划。

[①] 这个运动受到哈佛大学校长科南特（Conant，1959）观点的影响，他认为从学校的规模与学生学业成绩关系出发，社会对教学质量的要求，靠小型农村学校不能满足，应被大型的综合学校取代。

Berman 和 Drezner（2008）在假设需求一直被最近设施满足的前提下，研究了考虑已有设施区位的条件中位问题，但尚未应用于学校选址。Miyagawa（2009）基于 k 最近邻算法，以平均距离最小目标给出评价设施关闭影响的基本思路，对中小学布局调整也具有参考价值。

学校布局的不确定性来源是多方面的，动态变化的需求预测是难点，基于需求变化的模型改进也是主要趋势。一般通过概率模型将随机需求、出行选择和建设成本等由确定变量转变为随机变量，解决不确定性问题。Lankford 等（1995）基于实证分析建立了家庭择校模型。McFadden 和 Train（2000）基于随机效用最大化假设提出了应对离散选择的混合多项式 Logit 模型（mixed multinomial logit, MMNL）[①]。Müller、Haase 和 Seidel（2012）应用一般嵌套的 Logit 模型（generalized nested logit, GNL）来解释空间相关性。情景模型也被用于应对不确定性，即在一系列概率下进行设施选址。Albareda-Sambola 等（2011）给出了两种资源函数下超出容量服务外包的两阶段随机规划模型。

2.3.2 应对特定背景的调整评估

20 世纪 70 年代以来西方国家随着生育率下降和公共开支缩减，班额缩小、学校关闭及布局调整的标准和后果成为研究主题（石人炳，2005）。西欧国家多探讨自由择校前提下的学校布局优化模型。Müller 等（2008）结合实证调查和 ML 模型的综合方法，研究了德国 Dresden 市学校关闭背景和一定择校模式下通学距离和方式转变引起的总体效率问题。Müller 等（2009）考虑城区内学校设施空间替代、自由择校和需求变化的影响，提出多情景动态选址模型。Haase 和 Müller（2013）提出自由择校条件下的效用最大化模型，在容量和预算约束下最大化所有学生标准预期效用，用于学校网络规划。

美国的探讨则集中在大规模的学校和学区合并潮（Killeen，Sipple，2000），围绕综合效率、教育产出和种族平衡等多目标展开评估模型研究。Sher 和 Tompkins（1976）讨论了农村学区合并效果优劣的度量问题。Duncombe 等（1995）根据规模经济定义经验性的成本函数，估计了纽约学区合并的成本节约效益。Lemberg 和 Church（2000）认为边界变动措施长期不可行，研究了增加最小化学生变化和最大

① Logit模型与最大效用理论一致，假设个人选择效用由确定项和随机项这两部分构成，后者服从极值分布。

化学区边界稳定性目标的规划模型。Hanley（2007）基于学区规模与校车交通成本之间的关系，通过多目标的校车选线模型估计了全国学区合并情景下的交通成本变化。Gordon（2009）根据实证提出了一种应用于学区合并的空间合并估计函数。Berry 和 West（2008）探究了州内学校合并和规模变化对教育产出的负面影响。

2.3.3 校车接送站选址选线研究

交通规划是学校布局调整的重要组成部分，也是优化模型的一大分支。对于农村、城乡结合部和大都市地区的长距离通学问题，考虑校车选线及接送站选址都十分必要。接送站选址也称 Hub 选址问题，研究就学需求产生在交通线网 OD 对上的问题，即学生从 O 点（家）出发到 D 点（学校）过程中享受接送站服务。其基本原理是在流量产生的 OD 对之间增加中转节点（Hub），减少直接路径选择以优化整体出行效率。O'Kelly（1986）最早将 Hub 选址问题引入设施选址研究。Ebery 等（2000）研究了带容量限制多分配的 Hub 选址问题公式和算法。Farahani 等（2013）从模型、分类、算法及应用等方面对 Hub 选址问题进行了综述，认为中转站的动态选址问题是重点和难点。

校车路径选址问题（school bus routing problem，SBRP）是包含多个子问题的综合问题，核心是在总行驶距离最短、乘车时间最长、载客数量限制、通行时间窗口期等约束条件下寻找最佳的车辆安排时间表和路径，同时确定设施数量与区位（Park，Kim，2009）。Schittekat、Sevaux 和 Sorensen（2006）等提出单个学校的校车路径选址的整型规划模型，应用于 10 个接送站和 50 个学生的研究。Mandujano、Giesen 和 Ferrer（2012）基于两个应用于学校选址和学生交通优化的混合整型规划模型，整体性地考虑了农村地区的学校网络布局。

2.4 国内城乡中小学布局规划研究与实践

我国在城镇化进程中也面临大量人口变动背景下的城乡学校规划和布局调整问题。相关研究可分为：①基于 GIS 可达性模型的学校布局评价研究；②中小学选址方法与应用研究；③城乡中小学布局调整研究，其中，以定量模型支撑政策调整的研究仍偏少。

20 世纪 70 年代以来，伴随区位理论、GIS 技术发展、数据源拓展，学校可达性度量、模拟和优化方法研究与日俱增；可达性度量模型的改进，路网距离、出行时间、需求概率等因素的纳入提高了方法的科学性。尤其近十多年来，在我国快速城镇化与人口分布变动背景下，GIS 可达性分析是基础教育设施布局评价和规划的必备手段，包括邻域分析、最短路径分析、机会累积方法、潜能模型等，得到了广泛应用。

基本模型方法多用于供需评价，从优化调整的角度仍需要更多的方法组合。随着人们对教育发展的日益关注和需求增加，中小学效率成为社会关注的重要问题，结合教育设施相关数据质量的改善及其他行业对学校研究提供的可借鉴的分析评价方法，在学校布局调整中，逐步开展了数据模型支撑布局调整的研究，并日益受到众多学者的关注。

2.4.1 中小学可达性评价

国内学者最早将泰森多边形（Voronoi）的邻域分析用于学区划分优化。泰森多边形根据点位置连线中位线划分指定区域，保证各分区内任一点到其内部中心点位置的直线距离比分区外要小。王伟和吴志强（2007）借助 Voronoi 分析对济南市区学校进行了学区划分。佟耕等（2014）使用加权的 Voronoi 图进行学区划分方法改进，为各点(中小学)加上学生数量权重,用点间距离除以权重得到划分结果。缓冲区分析(Buffer Analysis)也是邻域分析的常用方法，在点、线、面实体周围一定宽度范围内建立服务缓冲区，叠加得到分析结果。黄俊卿和吴芳芳（2013）通过计算一定服务半径下的覆盖人口比例和一定覆盖人口比例下的服务半径，评价了上海郊区学校服务覆盖程度。

在缓冲区分析基础上，基于交通网络并考虑出行成本生成的服务区更为精确。相对于欧式距离（直线距离）和曼哈顿距离（直角距离），可达性评价最常用的距离度量是基于网络和出行成本的最短路径分析。张霄兵（2008）基于网络分析划分了沈阳市学校服务区，结合人口、用地等多种因素进行了定量化的学校选址分析。在生源均匀分布假设下，网络分析对居民点进行归并从而划分学区。叶欣等（2009）基于绝对服务半径及纳入道路因素和出行方式的相对时空半径度量了余姚市社区基础教育设施服务覆盖情况。胡思琪等（2011）基于服务人口的正态分布模型评价了淮安市的学校可达性，按距离最近为每个居住栅格单元分配学校并得到相应距离，针对小学生、初中生、高中生的不同出行方式分别计算交通时间，基于可达时间、人口比例和办学规模适宜度评价学校分布均衡性。

随着一些设施布局问题对距离障碍因素考虑减少、服务质量因素考虑增加，最短距离法应用领域不断缩小，而综合考虑供需规模和距离的机会累积法和潜能模型法得到了更多的发展（宋正娜，等，2011）。后续介绍的方法都考虑距离障碍以外的质量因素。经典的机会积累模型以两步移动搜寻法（two-step floating catchment area method，2SFCA）为代表，设定出行极限距离或时间作为搜寻范围，第一步计算供给点搜寻范围即服务区内的资源供给（数量、规模与质量等方面）与需求比例，第二步加总需求点搜寻范围可获得的服务供给水平并进行比较，不像最短路径假设那样限定供给点与需求点一一对应的关系。任若菌（2014）、杨梦佳（2016）分别利用改进的 2SFCA 方法从学校和居民点两方面评价了贫困山区和仙桃市的教育资源可达性。

此外，潜能模型在学校空间布局公平性评价上得到了持续广泛的应用，可以不像机会累积方法那样设置极限距离。潜能模型（huff model）在引力模型（gravity model，也称空间相互作用模型，是在距离因素之外考虑规模吸引的经典模型）的基础上发展而来，简单来说是设施对某一点的吸引力（或称势能）与其服务吸引力（多用规模表示）成正比，与距离（用直线距离或出行成本的摩擦系数值表示）成反比。

国内应用于学校可达性评价的潜能模型最新改进在于基于路网计算距离成本、限定搜索范围或学区限制、多重指标测度学校吸引力等方面。沈怡然等（2016）考虑学区政策限制，利用基于教职工数和时间距离的潜能模型计算居民点择校概率，利用传统移动搜索算法计算学区内居民点择校概率、距离阻抗与资源供需比乘积作为可达性指标，对深圳市福田区教育资源空间可达性进行了评价。汤鹏飞、向京京和罗静（2017）综合考虑师资队伍、学校容量和硬件设施构建学校服务能力等级影响，结合基于路网的居民极限出行时间构建就学影响因子，对潜能模型加以综合改进并应用于仙桃市小学可达性评价。

2.4.2 中小学选址研究

与学校可达性评价相比，学校选址模型研究为数不多。笔者以"学校选址"为主题关键词检索 CNKI（2017 年 11 月），筛选得到 40 篇与方法研究和应用有关的文献，发现该领域积累尚不丰富，知识体系尚不完整。这里筛选去掉了报纸来源和内容明显不涉及运筹学选址布局方法的文献；未将"学校布局"作为关键词是因为其语义丰富，许多基于 GIS 可达性的研究内容已在上一节出现。分析发现 2000 年后我国学校选址的定量研究才逐渐增多；2010 年后考虑学校选址运筹的研究增多。

已有学校选址研究，一类是考虑土地利用、坡度、现有学校条件、人口等因素，结合 AHP 等确定选址因子权重和 GIS 分析得出适宜位置（李景波，王立刚，2010；

黄良平，张卫国，胡纪元，2014；宋萍，等，2015；刘晓，2016），或与其他选址原理如重心法作比较（高阳，等，2009）。另一类是以运筹学模型为基础，解决以带约束的中位问题（万波，等，2010；岳金辉，李强，2011；孔云峰，王震，2012；孔云峰，王新刚，王震，2014）、中心问题（叶玉萍，2012；彭永明，王铮，2013）为原型的学校选址问题。为达到规模合理、距离均衡、效率提升、社会公平的综合改进，相关方法在选择和组合上需要对某些约束条件或目标有所偏重；方法越适宜越好而非越复杂越先进。

此外，近年来 Hub 选址问题研究从物流、航线、公交网络优化延伸，校车路径选址问题逐渐引发关注。张苗（2008）针对单校和多校车问题构建了双层规划模型，并进行了遗传算法设计和求解。张富和朱泰英（2012）对校车站点和路径分别建立了多目标的非线性规划模型。党兰学等（2013）提出以记录更新法为基础的启发式算法，对校车路径进行了全局范围优化。但目前城乡地区校车供给政策尚不明确，交通环境复杂，公共校车接送站选址选线模型实际应用不多。

2.4.3 中小学布局调整研究

我国对中小学的布局和管理研究始于 20 世纪 50—60 年代，到 80 年代中后期，义务教育法的实施从法律上更有效地推进了中小学空间布局规划和规范管理（杨史瑞，2013）。当时的问题主要是在乡村地区以初高中为抓手撤销并点，初步整合教育资源（万明钢，2009）。20 世纪 90 年代中后期以来伴随着快速城镇化，我国特别是中西部农村地区开始中小学布局的大调整（范先佐，郭清扬，2009），各地为减小财政压力，思考农村学校布局调整和资源利用效率提高（中西部地区农村中小学合理布局结构研究课题组，2008），引发了教育学界对其动因、模式、标准、成效等问题的关注。盲目撤销并点造成就学半径增大，便利性和安全性降低，资源浪费严重的问题受到关注（艾文珍，2010）。

针对我国城乡中小学统筹和布局调整问题，国内学者研究主要集中在布局调整因素分析、调整成效评价、政策路径、整体模式等方面。范先佐（2006）总结了农村中小学布局调整动力，提出农村中小学布局调整的三种方式：示范方式、强制方式、示范与强制相结合的方式，充分考虑村民的认同感、就学方便和安全问题、家庭经济支撑等因素影响。庞丽娟（2006）总结了布局调整中上学距离、安全问题、教育费用、学生身心健康、师资配置和教学质量等方面问题，提出应注意调整与收缩、撤并的不同，注重时序安排，健全和落实相关配套制度。郭清扬、王远伟（2008）提出判断和评价农村中小学布局是否合理的主要标准是学校规模、服务人口和服务范围等，解决了中小学规模小、分散、效率低等问题。贾勇宏、周芬芬（2008）总结了中西部农村中小学布局调整的四种主要模式：完全合并式、兼并式、交叉式和集中分散式，并比较了优缺点。

一些学者更关注了学校布局调整相关的教师引导、教育资源调配的量化问题。雷万鹏等（2010）对义务教育学校布局的影响因素、规模效应和政策选择进行了整体研究。牛利华（2010）研究了农村中小学布局调整中的教师角色及引导策略，提出教师培训、教师实施改革支持、教师思想行为导引等建议。贾勇宏和曾新（2012）通过对中小学布局调整的成效及政策路径进行深入调查分析，提供了后续量化研究的基础。汪明（2012）提出要结合县级、乡镇级、村级不同层次，合理发展不同类型、规模学校，注意学校布局向上级居民点转移、班额容易过大的问题。曾新（2013）提出布局调整的地理环境、经济发展水平、人口因素、文化因素、政治因素等多方面影响因素；提出学校布局县、乡、村三级布点向县、乡两级布点转化，避免有限资源被分散稀释。

其中，利用数据包络分析方法（Data Envelope Analyse，DEA）进行教育资源配置效率研究十分普遍。该模型源于运筹学，1978 年由 A.Charnes（查恩斯）、W.W.Cooper（库珀）及 E.Rhodes（罗兹）提出；涉及数学、数理经济学以及运筹学、管理科学等多学科交叉研究，所需信息多，但能够避免主观性，指出非有效单元的指标调整方向及数量，具有优化思想。该方法以相对效率概念为基础、凸分析和线性规划为工具，在多投入、多产出的情况下评价多个相同类型决策单元（Decision Making Unit，DMU）投入、产出的绝对有效性，以及相同部门比较分析，评价部门之间的相对有效性。国内外已经有众多学者应用 DEA 方法对教育办学效益进行了多年的研究，方法比较成熟。从 20 世纪 70 年代起在美国和英国已有诸多案例，国内也用之进行中小学教育资源配置效率评价，是可行有效的方法。

DEA 模型最初应用于高校样本的综合效率、纯技术效率和规模效率评价，数据较为标准、统一，利于模型的构建和分析（吴丽丽，2006；吴峰，2007）。此后拓展到义务教育资源布局调整的效率评估。以生师比、专任教师具有任职资格比例、生均预算内教育经费、生均教室面积、父母平均受教育年限等多项要素为投入指标，以语文、数学成绩作为产出指标，胡咏梅和杜育红（2008）基于 DEA 评估了西部五省区部分农村初中配置效率，采用以追求最小投入为目标的 CRS 模型和 VRS 模型进行分析。类似地，岳晶晶（2011）对我国义务教育资源配置效率进行了整体 DEA 评价研究，采用规模收益不变的 CRS 模型、规模收益可变的 VRS 模型计算学校资源配置的相对总体效率、技术效率、规模效率。

对于 DEA 评价单元，一些评价以行政区为 DMU。例如，徐丛丛（2012）、田雁（2013）、王帆（2015）分别评价了我国分年份、省份的公共服务或公共教育投入产出效率。另一些评价以中小学单体为 DMU。例如，郭俞宏和薛海平（2009）应用 DEA 评价了湖北、江苏两省中小学资源配置效率，并利用投影原理指出了各校非有效原因和投入产出的改进方向；赵琦（2015）在主成分分析筛选指标的基础上应用 DEA 评价了东部某市小学的资源配置效率。不过，DEA 对效率的静态评价将 DMU 视为黑箱，也难以明确指标间的相互关系和效率影响因素，还需要结合分类比较（赵琦，2015）、Logistic 回归（郭俞宏，薛海平，2009）、Tobit 模型（梁文艳，2008；李刚，邓峰，2016）等方法进一步识别分析。

此外需要说明的是，中小学布局调整无法完全依赖定量方法评价。对于规划来说，传统的实地访谈和问卷调研仍是探知问题的重要手段。赵民、邵琳和黎威（2014）调查分析了中东部界首市和海门市农村学校资源配置的分散与集中模式特征及效果，并根据农村居民就学意愿提出顺应趋势、差异化集中和精明收缩等学校规划策略。高军波、江海燕和韩文超（2016）基于宏观回顾和微观问卷探讨了广州市花都区"撤点并校"的机制和绩效，指出了政策趋势背后的内涵和弊病。这些研究也反映出教育资源供给空间均衡和规模效益导向之间的本质矛盾。

2.5 小结

20 世纪 70 年代以来学校布局优化模型从选址问题和 LA 模型衍生了大量研究，我国自 2000 年后相关研究增多，但模型方法在规划实践中的应用还不充分。一是作为技术工具很难获得足够多的决策资源支持（ReVelle，Eiselt，2005）。比如对供给点、需求点、路网和备选位置数据要求较高，LA 模型多用于农村学校布点，而城市地区土地资源紧张、需求不确定性强、初步选址过程复杂，应用较少（宋小冬，等，2014）。另一个困难是模型本身的复杂性如多目标、模糊性、抽象性等也限制实际效用。比如相对于实际的分散情况，将空间需求抽象为聚集的（aggregative）一点就值得商榷（Francis，Lowe，Tamir，2002）。

模型提供复杂系统问题的本质解决方案，对空间上的教育公平考虑更彻底。因为原理上教育资源空间配置的可达性、公平和效率三类目标无法同时最优，必然需要借助模型工具权衡。各类实际需求一向是新模型、算法和应用产生的动力，结合抽象目标和现实条件综合解决问题。在大数据环境和模型研究走向精细化的趋势下，不宜将教育与其他公共服务设施规划混为一谈。基于概率模型分析不同区位群体需求，也为教育资源配置提供重要依据。当优化原则涉及多个利益主体时，开发互动参与型 GIS 支持决策是有效途径。

以往研究成果虽涉及中小学布局的主要方面，但还存在以下改进方向：①整体考虑学校布点、学校规模、教学水平、多级设施、动态变化、接送站等的综合模型，将多目标准则、用户（学生）、节点（设施）和路径（线路）视为整体系统；②从就学需求及其变化分析学校布局，以政策、家庭收入、交通能力等因素影响择校偏好的微观决策过程进行模拟作为基础；③相比国外，国内对学校空间分布、评估的量化研究不多，需要针对动态背景探讨优化原则，进行定量化的政策设计。本书将在已有研究的基础上，基于城乡人口的变化背景，评估中小学布局现状，预测城乡就学需求，构建中小学布局优化的综合模型；基于定量分析研究优化布局的政策路径，提出具有针对性的优化布局的操作建议，为完善城乡义务教育资源均衡配置提供决策支持。

第 3 章

研究思路与技术路线

3.1 研究思路

本研究思路如图 3-1 所示：

（1）运用 DEA 进行中小学布局现状评估，寻找学校办学效率高低的原因及可能的改进方向。

（2）运用 ML 模型进行就学人口择校意向评估，确定各阶段就学需求。

（3）运用 DHCM 综合模型进行多级多阶段中小学布局及学生接送站的优化配置，确定各时期学校、接送站动态布局、学校规模。

（4）进行试点研究，提出试点地区的城乡中小学布局优化政策建议。

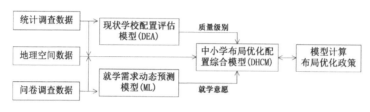

图 3-1　研究思路

形成的技术路线如图 3-2 所示，基于离散选择模型纳入更多个体选择学校影响因素，结合 DEA 模型调整学校资源配置方向优化布局调整，以及 LA 模型对学位指派构建规模限制的覆盖最大模型、就学距离最短、费用最低或就近可达性最优模型等，进行多阶段、多目标和多约束的布局优化。从而获得学生派位和学区划分最优方案，从识别真实需求到实现有效供给，为学校布局规划提出综合政策建议。

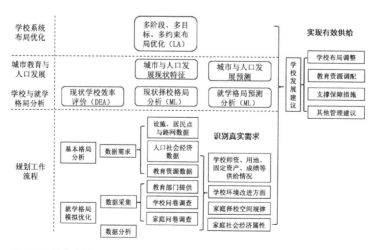

图 3-2　技术路线

3.2 研究方法

　　本研究涉及城乡规划、人口发展、社会经济、教育管理、统计计量地理等多个方面的专业内容，以城乡规划为基础平台，整合各专项分析。在本研究中，教育学内容主要研究我国基础教育发展现状和未来发展趋势，人口学内容主要研究区域内人口发展的特征和学龄人口变化趋势，社会学内容主要研究学校设施布局与居民生活和行为选择的关联，地理学内容主要研究地理环境对居民行为偏好的影响，统计计量主要通过数据研究学校效率以及学生家庭择校规律。

　　在具体技术分析中，采用以下技术方法进行综合研究。

3.2.1 实地调查法

　　以具体工程项目为素材，通过实际案例的实证分析评价、现状规律总结、趋势预测等途径，进入具体项目的情景，对研究对象建立真实的认知，尽可能全面、直接地了解和分析研究，寻求解决实际问题的方案。

　　本次研究基于德阳市教育设施规划项目，通过对德阳教育设施的考察、分析和研究，使规划具有较强的可操作性和现实意义。

　　从政府部门收集城乡人口变化、居民收入变化、现有中小学布局与居民点布局、道路交通、各学校规模、教师配备、各学年统考成绩等数据。

　　访谈和调研分析法：与当地教育部门和典型学校主要负责人员进行交流访谈，了解当地管理者、当地居民对义务教育设施发展状况的认识，并就研究方法、技术思路等内容进行交流，充分结合地方实际。同时，对旌阳区城乡居民点和学校进行现场踏勘，了解设施状况及周边环境、发展条件等。

3.2.2 问卷调查法

　　问卷调查分析法：基于研究需求设计家庭调查问卷，根据研究空间范围，采取学校全覆盖和班级抽样相结合的调查方法发放问卷，避免因覆盖范围不足而产生偏差，以更客观全面地反映基础教育设施的服务现状、市民选择学校的影响因素、影响市民就学的深层次原因。

　　对居民的择校意向进行问卷调查，调查内容包括择校意向、家庭收入、与学校距离、学校教育水平、城乡流动意向等。

3.2.3 DEA 评估方法

教育办学评价方面，采用 DEA 模型方法评价各学校间的相对有效性，计算各学校教育资源配置的技术效率和规模效率。DEA 模型对同类单位进行有效性评价，利用线性规划的研究方法，得出每个综合效率的评价指标，确定有效的 DMU（即相对效率较高的决策单元），并针对各决策单元非 DEA 有效的原因及其改进方向，为管理决策提供参考信息。

DEA 广泛应用于生产部门投入与产出的效益评价中。研究分析各学校的建设条件、教师资源、设施条件等投入要素，及学生规模、教学质量等产出要素，通过一定区域范围内多个学校样本的比较分析，进行学校之间"投入、产出"的有效性评价，指出评价较低的学校样本存在的问题。

其评价指数为：

$$h_j = \frac{u_1 \cdot 产出一 + u_2 \cdot 产出二\cdots}{v_1 \cdot 投入一 + v_2 \cdot 投入二 + v_3 \cdot 投入三 + v_4 \cdot 投入四\cdots}$$

即 $h_j = \dfrac{\sum_{r=1}^{s} u_r y_{rj}}{\sum_{i=1}^{m} v_i x_{ij}}$，$j=1,2,\cdots,n$，其中 u_r 表示第 r 种产出的权重系数，v_i 表示第 i 种投入的权重系数。投入—产出规划模型为：

$$\begin{cases} \min \theta \\ \text{s.t.} \sum_{j=1}^{n} \lambda_j x_j + s^+ = \theta x \\ \sum_{j=1}^{n} \lambda_j y_j - s^- = \theta y \\ \lambda_j \geqslant 0, j=1,2,\cdots,n \\ s^+ \geqslant 0, s^- \leqslant 0 \end{cases}$$

在 DEA 评价模型中，通过 CRS 模型（规模收益不变）和 VRS 模型（规模收益可变）计算学校教育资源配置的技术效率和规模效率，获得每个学校综合效率的评价（DMU），根据模型计算结果分析各 DMU 非 DEA 有效的原因及各投入因素改进方向。

——CRS 模型：

CRS 模型的前提是规模报酬不变，即当投入要素以等比例增加时，产出要素也以等比增加。模型针对决策单元的评价以最优解是否为 1 为判断依据，当最优解为 1 即技术效率值为 1 时，决策单元 DEA 有效。通过 CRS 模型可计算综合效率，可对决策单元的技术与规模效率进行综合判断。对于非 DEA 有效的决策单元，CRS 模型可以通过减小投入的同时增加产出来进行调节。

——VRS 模型：

VRS 模型由 Banker、Charnes 和 Cooper 在 1984 年提出，模型的前提是规模报酬可变，但在实际生产过程中规模报酬可能递增或递减。在 DEA 分析方法中，一般通过 VRS 模型可计算纯技术效率，对决策单元的技术进行评估。

通过 R 语言 Benchmarking 包中的 DEA 模块进行数据分析，各学校的用地面积、学校资产、生均就学距离、各等级教师数量、其他工作人员数量等信息作为学校的投入，学生人数、学校取得的成绩（学校排名）作为各学校的产出。模拟结果中，DEA 评价值为 1 则表示 DMU 有效。针对非 DEA 有效的 DMU，根据分析结果中的 lamda 值，分析原因并根据 lamda 值进行调整即确定改进方向。

3.2.4 ML 模型预测方法

Mixed Logit 模型是离散选择分析模型，用于理解个体在选择集下如何根据其偏好作出选择，可应用在模拟个体选择行为中。不同的离散选择模型通过对概率密度函数的不同分布假设推导得到，由 McFadden 和 Train（2000）提出的 Mixed Logit 模型允许个体之间有异方差性，克服了 IIA 假设的限制，可以体现个体之间存在的差异。

其优势在于选择适当分布函数的情况下可以趋近任何随机效用模型，具有高精度和高适应性，对选择规律的模拟更符合实际。通过 ML 模型分析个体偏好，已经在众多领域得到了广泛的应用，并给决策者提供了很好的决策依据。如邓曲恒（2013）采用 2005 年全国 1% 人口抽样调查中 20% 的样本数据，基于混合模型分析了城乡收入差距、就业率差距、人口年龄结构及父母特征等因素对农村居民迁移产生的影响，对农村转移人口市民化、流动人口城镇化的研究有重要的意义。不过，由于参数估计复杂，该模型应用尚不广泛和成熟，除了少量研究应用于交通方式选择、产品偏好、财务状况等外，在学校选择方面对就学需求分析和预测的应用研究还有待拓展。

研究采集若干学生家庭决策者的信息，分析学校等级、学校规模、离家远近、家庭收入、性别、年龄、受教育程度、搬迁意愿等因素在家庭对孩子就学微观决策过程中的影响，基于产业发展、收入等进行城乡人口变化预测，并通过这些影响因素的分析预测人口变化背景下的就学需求规模。

Mixed Logit 模型的概率函数为：

$$P_{ni} = \int \frac{e^{V_{ni}(\beta)}}{\sum_{j=1}^{J} e^{V_{nj}(\beta)}} f(\beta / \theta) \, \mathrm{d}\beta$$

表示个体 n 选择了选择集中 i 选项的概率，其中 $f(\beta/\theta)$ 为某种分布的密度函数，可以是正态分布、均匀分布、对数分布、S_B 分布等。当 β 服从正态分布时，$f(\beta/\theta)=$ $\frac{1}{\sqrt{2\pi}\sigma}\exp\left[-\frac{(\beta-\mu)^2}{2\sigma^2}\right]$，$\theta$ 即为正态分布的参数 μ、σ。由于 P_{ni} 在数学上没有封闭的解析形式，故只能通过统计模拟方法加以计算（Li，Huang，Liu，2010）。

结合家长择校需求分析，可将就学距离、学校规模和高级教师比例代表的教学质量、家庭收入、教育支出费用、搬迁意愿等因素纳入择校规律分析，如下：

$$V_{nj}(\beta) = \beta_1 \cdot 就学距离 + \beta_2 \cdot 学校规模 + \beta_3 \cdot 高级教师比例 + \beta_4 \cdot 家庭收入 \cdots$$

数据分析过程使用 R 语言中的 mlogit 包，将学校等级、学校规模、离家远近、家庭收入、性别、年龄、受教育程度、搬迁意愿等因素转变为自变量，其中二分类变量设定为均匀分布，然后再次使用 mlogit 进行模型的拟合。在拟合结果中，McFadden R^2 表示 McFadden 似然率指标，表示模型的拟合效果。似然率指标 $R^2=1-\ln L/\ln L_0$，值介于（0，1）之间，值越大则拟合效果越好。

在分析诸多因素对就学微观决策过程的影响之后，通过调整变量分布获得较好拟合效果，可将参数系数推广到新的人口和居民点变化情景下的就学需求分布预测，得到该择校规律下未来的就学需求格局。各校就学规模 S_j 表示为：

$$S_j = \sum_{i=1}^{n} \sum_{j=1}^{k} R_i P_{ij}$$

其中，i 代表 1 到 n 个居民点，j 代表 1 到 k 个学校，R_i 代表居民点 i 的学龄人口数量；对于居民点 i 选择学校 j 的概率 P_{ij}：

$$P_{ij} = \int e^{V_j} \Big/ \sum_{j=1}^{k} f(\beta) \, \mathrm{d}\beta$$

e^{V_j} 为学校 j 的效用函数，$v_j = \beta_1 \cdot x_1 + \beta_2 \cdot x_2 + \beta_3 \cdot x_3 + \beta_4 \cdot x_4 + \beta_5 \cdot x_5 \cdots$，$x_i$ 表示相应的影响因素值；β 为多个影响因素系数构成的向量。

由此基于微观择校规律推广模拟就学需求分布。

3.2.5 DHCM 综合模型配置方法

数据模型计算分析法：构建学校现状发展分析评价模型、学校需求分析模型，分析学校综合指标影响下的规律，与学校基本指标、直观定性判断、居民择校偏好等内容结合，验证学校分析评价方法的合理性，对学校发展提出建议。

在前述分析基础上构建综合布局优化模型。模型的目标函数表示为：

$$\min \sum_{i \in I} \sum_{j \in J} \sum_{s \in S} \sum_{m \in M} d_{ijm} u_{ism} x_{ijsm} + \sum_{i \in I} \sum_{j \in J} \sum_{m \in M} d_{ijm} Y_{ijm} (O_{im} + D_{im})$$

其中，i 为居民点，j 为学校，s 为学校质量等级，m 为时间阶段；d_{ijm} 为第 m 阶段从 i 到 j 的时间距离，u_{ism} 为居住点 i 对 s 等级学校的需求，x_{ijsm} 为第 i 居民点学生到第 s 等级第 j 学校的百分比；j 为 i 提供了接送服务，则 Y_{ijm}=1，否则为 0；O_{im} 是从居民点 i 出发的学生数，D_{im} 为到 i 居民点的学生数。

通过 GIS 空间分析，建立学校、居民点和路网等基础要素，对教育设施现状与规划进行系统的分析。在调查基础上结合多种模型对小学设施进行就学格局模拟和优化。基于人口分布、学校分布和交通条件等数据库（集成大量多源数据），定量分析每个教育设施的服务水平，评估教育资源的空间分布差异，为学校布局调整和优化提供参考依据，并检验布局的合理性。

3.3 数据来源

3.3.1 德阳市旌阳区

1. 拓展学校分析选取要素，构建科学的基础资料框架

传统城市规划视角下的学校发展分析评价，以空间研究为主，与人口需求结合，进行用地布局、用地规模、建设规模等建设管控，此方法用于城市建成区较为有效。

在城乡要素自由流动，人口流动越来越成为影响教育资源调配的重要因素的背景下，城乡之间、村镇之间择校现象越来越突出。在城乡人口流动更加自由的条件下，村镇地区学校对周边地区的服务，将取决于更加综合的因素。除了一般的空间支撑条件以外，师资情况、教学质量、设施配置、经济支出能力、交通方式改变下的时空距离等要素，都将成为各学生家庭择校更多考虑的因素。随着数据获取条件的改善，以及分析评价模型的完善，有条件对上述要素进行更科学的分析和模拟，给教育发展、教育资源的优化配置带来更加有效的管理方式。

因此，将上述学校发展的多个要素，以及对学生家庭（需求方）择校的影响因素等，纳入本次研究中。

2. 多途径收集一手资料，获取准确、详细的数据

结合德阳相关规划实践工作的开展，如现场的踏勘、问卷调查等，获取全面、科

学的德阳发展资料和教育设施数据资料。研究数据来源有以下几个途径：

1）与实际项目对接，从教育管理部门获取资料

结合《德阳市教育设施规划》，获取德阳市教育局提供的统一标准的数据，收集学校用地、建筑规模、学生情况、师资情况、设施配套、教学评价、发展历史等资料，全面掌握教育设施的基础情况。

2）通过调查问卷获取资料

结合德阳教育设施规划项目，开展了旌阳区义务教育学校的问卷调查。问卷调查分为两类，包括学校调查问卷和学生家庭调查问卷。

其中，学校调查问卷每校一份，全部回收；学生家庭调查问卷覆盖所有义务教育学校，每所小学选择三个班级发放（1~2 年级、3~4 年级、5~6 年级中分别随机选择一个班级），每所初中选择一个班级，具体发放班级采取随机抽取方法，以获得较均匀的样本资料。问卷由学校组织发放，然后由学生交由家长填写，本次调查实际回收学生家庭调查有效问卷共 5199 份，覆盖 9.55% 的生源。

从内容设计上，结合研究的开展，学校调查问卷重点了解学校建设发展的问题、需求，以及希望采取的解决办法，掌握各学校实际发展的基本诉求。（问卷见附录）

家庭调查问卷，结合学校评价模型的构建，进行了具有针对性的题目设计（问卷见附录）。包括学生家庭情况（住址、户籍、经济收入、家庭职业、教育支出、家长教育程度等）、就学情况（就学交通方式、上学时间）、择校考虑（对学校要素的关注、对学校环境的要求、与未选择学校的比较）、远距离就学期望（交通方式、校车选择、接送点建议）、改善型需求（费用增长的承受力、住所搬迁条件）等方面，以获取综合调研数据，纳入学校评价模型。

3）通过现场踏勘，了解实际资料，通过直观感受验证分析结论

通过现场走访，了解旌阳区城乡建设基本情况、城乡教育设施建设现状，采集学校质量、环境条件等现场一手资料，再实地踏勘了解各学校使用情况。

4）城市总体规划平台资料

结合正在编制的德阳市城市总体规划，针对德阳全市发展情况、旌阳区城乡空间布局、人口发展、道路交通建设等方面，获取旌阳区总体发展的资料。

3.3.2 北京市通州新城

基于项目调研，获得通州新城小学 GIS 属性，包括地址、用地和建筑面积、图书数、计算机数、专用教室比例、教职工数量、高级教师比例、学生数量、非京籍学生比例等。

居住点数据来自百度地图，通过建筑规模推算居住人口和学龄人口数量并挂接。新城快速路、主干路、次干路和支路等路网信息也从百度地图抓取，输入 GIS 并与供给点（学校）和需求点（居住点）位置校核。

通州新城学生家庭就学格局分析数据来自梨园街道小学问卷调查。问卷结构包括家庭社会经济属性（年龄、性别、受教育程度、职业、收入、教育支出）、住房与户籍情况（住址、户籍、搬迁情况）、就学方式（出行方式、上下学时间）、择校偏好（升学方式、关注的学校因素、未选学校比较）、就学环境满意度（学校环境、通学方式期望、改善需求）五部分，详见附录 A。

问卷发放范围为该街道全部 6 所小学和初中，发放时间在 2016 年 9 月，同年 11 月回收。为使样本均匀分布，采取系统抽样方法，按年级分段：小学 1~2 年级、3~4 年级、5~6 年级、初中 3 个年级每段分别随机选择一个班学生家长填写。问卷发放总数 930 份，回收 768 份，具体情况见表 3-1。

梨园街道中小学学生家庭问卷发放与回收情况　　　　　　　　　　　表 3-1

发放学校	类型	总学生数	班数	平均班额	1~2年级	3~4年级	4~6年级	初1~初3	回收
梨园镇中心小学	小学	837	22	38	40	40	40		107
通州区第一实验小学	小学	1693	36	47	50	50	50		139
大稿新村小学	小学	320	9	36	40	40	40		111
梨园学校	九年制	小学 633；初中 395	26	40	40	40	40	40	小学 120；初中 40
育才学校通州分校	九年制	小学 2285；初中 613	73	40	40	40	40	40	小学 118；初中 31
潞河中学附属学校	九年制	685	17	40	40	40	40		120
总计						750		80	小学 715；初中 71

3.4 研究重点与难点

1. 人口城镇化发展和城乡协调发展研究

为达到更具操作性的目标，需获取较为翔实的人口数据，并进行针对性分析，合理预测城市未来人口发展和城乡空间发展的趋势。

2. 建立多要素的教育设施综合评价模型

研究适合人口发展、学生家庭需求的教育设施配置，对大量实证调研材料作整理分析，提炼关键要素，构建适合城乡发展的义务教育设施评价模型。

对评价要素的选择、评价要素的数据获取、评价模型的构建等环节，都是本次研究需要突破的内容。

3. 建立教育设施发展需求的预测模型，提出教育设施发展与城乡发展相匹配的动态管控思路。

根据人口发展和城乡动态发展分析，打破乡镇行政区划管理限制，立足于居民需求和偏好，提出不同要素、不同管控条件下教育资源的调控思路。

第 4 章

德阳市旌阳区案例应用

4.1 现状基本情况

4.1.1 基本市情

德阳市位于四川盆地西部，成都平原东北部，地处都江堰灌区，农业生产条件好，人口密集。2014 年年末，德阳市下辖 1 区、3 市（县级）、2 县，市区为旌阳区。2014 年年末，旌阳区下辖 5 个街道办事处、10 个镇、1 个乡，95 个社区居委会，706 个居民小组；103 个村民委员会，1398 个村民小组。2014 年，旌阳区户籍人口 69.3 万人，地区生产总值 437 亿元，人均 GDP 约 6.3 万元，城镇居民人均可支配收入 2.8 万元，农民人均纯收入 1.3 万元。

4.1.2 德阳人口城镇化发展特征

1. 人口持续平稳增长

1978 年以来德阳市人口变化总体呈现持续平稳增长的态势，年均综合增长率 5.5‰，但从 2001 年起，增速逐渐放缓，年均综合增长率降为 3‰。户籍总人口由 1978 年的 326.48 万人增长到 2011 年的 390.5 万人，共增加 64.0 万人，年均增加 1.9 万人（图 4-1）。

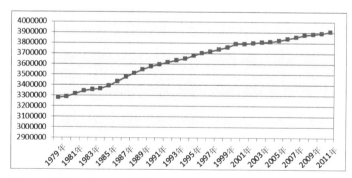

图 4-1　德阳市户籍人口变化情况（1978—2011 年）
（资料来源：《德阳市城市总体规划（2014—2030 年）》）

从近年发展情况看（表 4-1），2001 年后的人口发展以 2008 年汶川大地震为分界，可大致划分为两个阶段：第一阶段为 2001 年到 2008 年，这一阶段的人口机械增长率稳步提高，人口平稳增长，年均综合增长率 3.2‰；第二阶段为 2008 年以来，由于地震的原因导致人口的自然增长由正转负，总人口增速迅速降低，之后，人口自然增长恢复正常增速，成为人口增长的主导因素，机械增长速度仍保持逐年降低的态势。

2002—2011 年市域户籍人口变化情况　　　　表 4-1

年份	户籍总人口（万人）	非农业人口（万人）	自然增长率（‰）	机械增长率（‰）
2002 年	380.07	76.47	−0.62	2.64
2003 年	380.59	78.25	−0.22	1.62
2004 年	380.97	80.09	−0.12	1.75
2005 年	382.41	81.75	−0.58	2.82
2006 年	383.79	82.86	−0.10	2.79
2007 年	385.31	85.77	0.60	3.7
2008 年	387.37	90.77	−1.27	5.01
2009 年	388.44	98.76	1.39	2.35
2010 年	389.15	103.37	1.2	0.76
2011 年	390.50	107.26	1.73	0.07

资料来源：《德阳市城市总体规划（2014—2030 年）》。

2. 城镇化率相对落后，处于快速城镇化时期

在自给自足农业耕作的传统下，依托优越的农业发展条件，德阳乃至四川省农业人口城镇化推力不足。德阳是"一五"时期重要的工业基地，经济发展以工业为主，工业以重工业为主，对劳动力就业吸纳能力不强。长期偏重工业发展，德阳的第三产业比重一直不高，对人口城镇化的吸纳能力不强。在上述多种因素影响下，德阳的城镇化水平虽位于全省前列，但与全国平均值差距仍较大。2011 年，德阳全市城镇化水平 43%，与同期全国（51.3%）和四川省（43.5%）城镇化水平相比，发展滞后。但与四川省地级市相比，德阳处于稍领先位置。

从城镇化发展规律看（图 4-2），德阳正处于城镇化快速发展阶段。近年来，德阳发展速度加快，近十年基本保持了两位数以上的经济增长趋势，推动城镇化快速发展。2007—2014 年，全市城镇化水平以年均增长 1.2 个百分点的速度迅速提高。

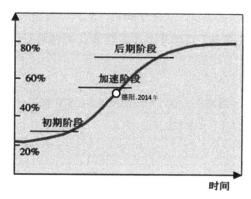

图 4-2　城镇化发展的 S 形曲线

从全市近年人口分布变化情况看（图 4-3），人口增长向市区集聚趋势明显。

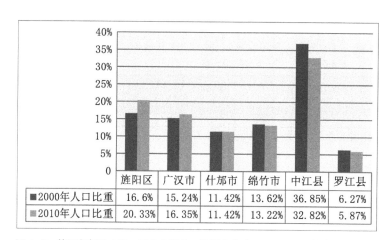

	旌阳区	广汉市	什邡市	绵竹市	中江县	罗江县
■2000年人口比重	16.6%	15.24%	11.42%	13.62%	36.85%	6.27%
■2010年人口比重	20.33%	16.35%	11.42%	13.22%	32.82%	5.87%

图 4-3　德阳市各县（市、区）户籍人口比重变化（2000—2010 年）
（资料来源：《德阳市城市总体规划（2014—2030 年）》）

3. 农业现代化程度低，农民两栖兼业较为普遍

市区所在的旌阳区乡村劳动力资源占总人口的 60%，区内农村剩余劳动力呈现从农业向非农业逐步转移的态势。近年来，德阳乡村人口非农化就业的趋势越来越明显，2012 年乡村非农就业比例高达 59%。

农业生产的劳动力投入不足，导致农村土地闲置，而大部分地区仍以小农经营的生产方式为主，影响了农业生产收益，农村地区经济社会发展相对滞后。近年来，农民收入逐年增加（表 4-2），德阳市农民人均纯收入由 2001 年的 2485 元增加到 2011 年的 7831 元，高于同年四川和全国平均水平。旌阳区农民人均纯收入达到 8863 元（表 4-3）。

德阳、四川、全国农民人均纯收入对比表　　表4-2

年份	人均GDP（元）	农民人均纯收入（元）			城镇居民人均可支配收入（元）			城乡收入比		
		德阳	四川	全国	德阳	四川	全国	德阳	四川	全国
2001年	6921	2485	1988	2366	7224	6360	6859	2.9：1	3.2：1	2.9：1
2007年	17789	4540	3546	4140	11585	11098	13786	2.6：1	3.1：1	3.3：1
2009年	21352	5625	4462	4761	14307	13904	17175	2.5：1	3.1：1	3.6：1
2011年	31562	7831	6129	6922	19371	17899	21810	2.5：1	2.9：1	3.2：1

资料来源：《德阳市城市总体规划（2014—2030年）》。

2011年旌阳区农民人均纯收入　　表4-3

旌阳区乡镇名称	农民人均纯收入（元）
孝泉镇	9112
柏隆镇	8991
黄许镇	8930
扬嘉镇	9170
德新镇	9143
双东镇	7375
新中镇	6199
和新镇	7625
旌阳区均值	8863

资料来源：《德阳市城市总体规划（2014—2030年）》。

　　城乡交通日趋便利，也促使农民城乡兼业现象越来越普遍，部分农民在从事农业生产的同时，非农忙季节在附近城镇务工或从事与农业相关的二、三产业。这部分农民与传统的专业农户不同，其生产生活往来于乡村和小城镇之间，进城意愿普遍不高。一方面是由于城市吸引力下降：房价高，高薪岗位少；生活成本高，照看亲人不便。另一方面，留村吸引力增强：生活成本低，并可兼作农业；农村公共服务普遍改善；

机动化和交通条件改善，城镇可达性提高，就近务工机会多。随着现代农业开拓了休闲旅游农业、生态农业、能源农业等新领域，以及部分特色农副产品加工等劳动密集型产业落户小城镇，乡村二、三产业就业空间将更为广阔。因此，未来农村人口中不再完全依赖于农业生产而生活的兼业农户比例将有明显提升。

4. 半城镇化突出，外出务工人口多

2013 年，德阳市常住人口城镇化率为 45.9%，非农化率仅为 30%（常住城镇人口 162 万，而具有本地非农户口的人数仅为 117 万），两者之间的差值高达 15.9 个百分点，常住城镇人口比户籍城镇人口（具有本地非农户口）多出 45 万，占实际城镇人口的比重高达 27.8%，这 45 万人常年在德阳市各级城镇工作和生活，却没有城镇户籍，一方面难以享受到本地市民的相关福利待遇，另一方面也使得他们长期处于边缘化状态，不能全面融入城市，实现全面城镇化发展。

德阳市人口持续外流，并呈现逐年增加的趋势。2014 年德阳市户籍总人口 392.5 万，年末常住人口 351.1 万，约 41.4 万人口流出市外、省外，而 2010 年户籍人口 386.96 万，常住人口 361.58 万，仅 25.38 万人口流出市外、省外。

5. 村镇分布密集，小城镇发育不足

德阳市地处成都平原，土地肥沃，气候温和，农业发展条件良好，是我国西部人口和城镇分布最为密集的地区。德阳全市面积 5911km²，人口接近 400 万，人口密度达到 678 人 /km²。

境内包含 6 个县级以上城市，99 个乡镇，城镇密度为每百平方公里 1.8 个，远高于西部城镇分布最密集的川渝地区平均水平（四川省 0.38 个 / 百平方公里，重庆市为 0.76 个 / 百平方公里）。

德阳市小城镇数量众多，城镇规模总体偏小，镇区总体上呈现"小、散、弱"的特点。除了中心城区和 5 个县市以外，全市 81 个建制镇的镇区人口总规模仅有 25.13 万人，镇区平均人口规模为 0.31 万人，镇区人口规模在 1 万人以下的小城镇占了全市小城镇的 96%，仅有 4 个小城镇镇区人口在 1 万 ~2 万，对周边农村地区人口吸引力不足。现行城市总体规划确定的重点城镇也较少达到 2 万人以上的规模，2 万 ~10 万人级别的城镇出现断层。

旌阳区各乡镇镇区人口规模也普遍偏小，除去中心城区所辖乡镇（天元镇、八角井镇、东湖乡）外，现状镇区人口在 1 万人以上的乡镇只有黄许镇，其余镇区人口规模都在 1 万人以下。

旌阳区小城镇现状基础设施和公共服务设施建设相对城市发展较为滞后，服务水平较低。在当前条件下，国家和省级、地方的财政直接投入难以有效保障，也缺乏有效的社会资金投入机制，小城镇基础设施建设明显不足，城镇对人口的吸纳能力不强。

6. 德阳城镇化发展的现实要求

当前城乡二元制度隔离的改革政策滞后，与城镇化时空逻辑不合拍，导致外出务工人员不能在大城市扎根，也不能全身而退回归农村；加上全球经济形势对沿海地区的冲击、生产成本上升等影响，导致大量人口回流。随着西部大开发等战略布局的深入实施，西部地区发展条件改善，吸引众多农民工返乡就业、创业。此外，农村政策条件的改善也吸引了部分农民工返乡务农。

中西部地区农村人口众多，各区域之间自然、经济社会条件各异，很多地区由于各级城镇非农就业吸纳能力的有限性、阶段性以及农民就业层次和迁移意愿的差异性，既不可能实现一步到位的迁移式城镇化，也不可能完全采取就地城镇化方式。因此，以邻近的市区和县城为迁移目的地的就地就近城镇化是更为务实的城镇化路径。

在当前城镇化背景下，结合德阳市面临的城镇化发展滞后、大量人口跨省异地城镇化等问题，应对人口就近就地城镇化为主的回流需求，形成就地就近城镇化为主、异地城镇化为辅的发展模式。

7. 将构建大中小协调、良性互动的城镇体系格局

新型城镇化强调因地制宜和多样化的发展路径，在城镇化发展中，应区别对待大中城市和小城镇发展模式。大中城市在城镇化进程中，依托规模和产业基础优势，承担工业化和经济发展的重任，如德阳中心城区，应利用重装产业为基础的经济优势，以产业转型发展为重点，进一步提升经济实力，将周边小城镇纳入中心城区发展轨道，逐步形成城市的功能组团。而小城镇以服务三农为基本职能，以综合发展、地方服务、产业承接等不同方式，逐步吸引和集聚人口。基于对未来德阳市城乡人口规模的预测，构建大中小协调、良性互动的城镇体系格局。

当前德阳市的城镇发展总体规模较小，中心城区与其他县（市）实力均衡，辐射带动能力不足。德阳市当前必须将有限资源集中到发展条件好的城镇，培育城镇化的增长动力，从而带动整个地区发展。因此，城镇体系中应优先发展中心城市，促进其快速发展。

中心城区是德阳市未来发展的重点，近年来，德阳市域城镇人口向中心城区集中趋势显著。按照德阳市总体规划的要求，中心城区应大力发展高端服务业，尤其是高端的科技研发等生产性职能，通过高新技术产业和高端服务业强化对县市发展的引领，强化与成都市及绵阳市的协调发展。

——培育重点镇，打造以城带乡的发展平台

针对德阳市城强镇弱的情况，德阳将择优培育一批重点镇，发展农产品、劳动密集工业，带动农村发展。同时，促进广大乡村地区资源优化配置，加强城镇化基层节点的动力，做大规模并完善服务设施。一方面完善德阳市城镇体系，形成大中小城市及小城镇协调发展的格局，另一方面具有完善设施的城镇也能更好地服务周边乡村。

——集约利用土地，引导农村居民点逐步调整

以现有的自然村落为基础，以文化资源、自然景观、创意农业等优势条件为核心，自下而上地组织各具特色的乡村综合体。

随着社会经济的快速发展，我国资源、环境承载力已相对饱和，资源、环境约束矛盾越来越突出。因此，坚持土地资源的集约利用、高效配置，是德阳市的必然选择。同时，德阳市乡村布局分散且规模小，不利于基础设施和公共服务设施的配置，乡村人居环境改善难度较大。而随着城镇化的快速推进，城镇人口尤其是中心城市人口进一步集聚，农村人口逐步减少，中心城市用地需求增加而农村相应减少。因此，引导农村居民点逐步调整，鼓励农民自愿聚居，腾退农村居民点，实现市域范围内土地集约利用是德阳未来进一步发展趋势。

4.1.3 学校特征与发展思路

1. 现状学校概况

旌阳区现状小学生数量 3.39 万人，占常住人口的 4.63%；现状初中学生数量 2.05 万人，占常住人口的 2.79%。

2014 年，德阳市区共有基础教育阶段学校 65 所，包括小学 39 所（表 4-4），初中 26 所[①]（表 4-5）。从学校分布情况看（图 4-4、图 4-5），乡镇学校 26 所，

---

① 九年一贯制学校7所，将初中阶段和小学阶段分别计入初中、小学学校数量。

农村学校9所。其中，村镇小学22所，村镇初中13所^①。

从村镇学校可容纳学生情况看，村镇小学已有设计学生数占全旌阳区1/3，村镇初中已有设计学生数占市区28%，与村镇人口情况相比较，村镇学校的占比明显较大。

现状小学中，班数未达到12班的学校有12所，占小学数量的31%；现状初中中，班数未达到12班的学校有15所，占初中数量的58%。

现状小学基本信息一览表 表4-4

学校名称	现状班数	现状学生数	现状用地总面积(m²)	现状生均占地面积(m²)	现状建筑总面积（m²）	现状生均建筑面积(m²)
黄许小学	23	990	15903	16.1	8230	8.3
孟家学校	10	281	10904	38.8	4359	15.5
袁家学校	6	128	11854	92.6	9728	76.0
东泰小学	6	171	10800	63.2	2501	14.6
扬嘉力恒小学	14	583	10174	17.5	6587	11.3
天元小学	16	676	75104	111.1	23695	35.1
天元侨爱小学	7	268	5623	21.0	1423	5.3
孝泉民族小学	27	1154	33005	28.6	12489	10.8
柏隆一小	18	825	20083	24.3	6263	7.6
柏隆二小	3	32	2799	87.5	1178	36.8
德新小学（本部）	14	636	15752	24.8	8231	12.9
德新小学（分部）	5	208	10766	51.8	1924	9.3
双东小学	8	314	9663	30.8	3821	12.2
双东南洋小学	6	156	9991	64.0	908.64	5.8
通江学校	7	292	7472	25.6	3260	11.2

① 其中包含九年一贯制学校4所，各计入小学、初中数量中。

续表

学校名称	现状班数	现状学生数	现状用地总面积(m²)	现状生均占地面积(m²)	现状建筑总面积(m²)	现状生均建筑面积(m²)
和新思源小学	12	261	15203	58.2	4841	18.5
新中学校	12	403	11242	27.9	4604	11.4
涪江路学校	19	727	48683	67.0	12732	17.5
黄河路小学	26	1215	12596	10.4	5821	4.8
美丰寿丰实验学校	12	516	27028	52.4	6095	11.8
市一小	42	2369	10989	4.6	12159	5.1
实验小学（本部）	24	1136	7947	7.0	9732.8	8.6
实验小学（分部）	41	2264	45407	20.1	14755	6.5
东街小学	18	924	2803	3.0	3150	3.4
西街小学	20	989	5387	5.4	4397	4.4
北街小学	18	919	5900	6.4	4954	5.4
城南小学	13	711	3360	4.7	2396	3.4
华山路学校	35	1639	25564	15.6	12831	7.8
金山街学校	7	207	20016	96.7	7896	38.1
青云山路学校	23	1136	22700	20.0	8691	7.7
岷江东路逸夫学校（小学部）	31	1556	11615	7.5	7730	5.0
东电外国语小学	42	1713	25065	14.6	21743	12.7
庐山路小学	42	1902	39300	20.7	9638	5.1
岷山路小学	50	2512	41029	16.3	23236	9.3
东汽小学	28	1272	38666	30.4	11493	9.0
德阳市金沙江路学校（小学部）	18	781	41842	53.6	12231	15.7
德阳市雅居乐泰山路小学	12	430	36375	56.4	9313	21.7
衡山路学校（南校区）	8	295	30368	49.4	10163	34.5
衡山路学校（北校区小学部）	6	221	5549	49.4	4326	19.6

资料来源：根据德阳市教育局提供资料整理。

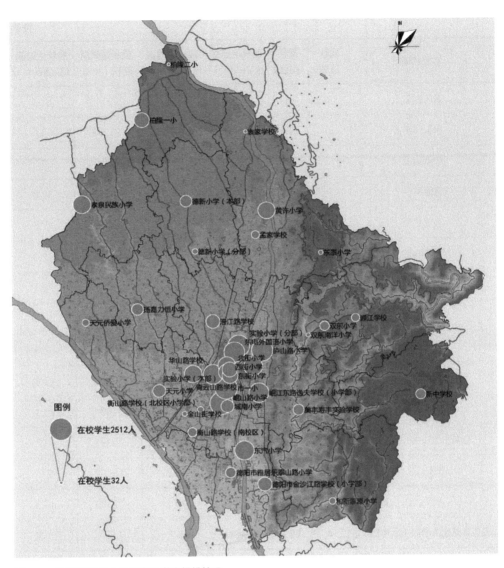

图4-4 旌阳区现状小学分布及学生规模情况

现状初中基本信息一览表 　　　　　　　　　　　　表4-5

学校名称	现状班数	现状学生数	现状用地总面积（m²）	现状生均占地面积(m²)	现状建筑总面积（m²）	现状生均建筑面积(m²)
黄许初中	10	400	43884	109.7	21948	54.9
孟家学校	3	105	8003	76.2	3000	28.6
袁家学校	3	78	7946	101.9	6521	83.6
千秋中学	6	209	26947	128.9	1572.6	7.5

续表

学校名称	现状班数	现状学生数	现状用地总面积（m²）	现状生均占地面积(m²)	现状建筑总面积（m²）	现状生均建筑面积(m²)
德阳九中	10	394	41300	104.8	22514.7	57.1
孝泉中学	11	354	23414	66.1	22288	63.0
柏隆初中	10	421	29139	69.2	12597	29.9
德新初中	7	305	25346	83.1	11463	37.6
双东初中	6	188	15205	80.9	9009	47.9
通江学校	3	124	2490	20.1	1523	12.3
和新初中	3	95	7577	79.8	2672	28.1
新中学校	5	167	5124	30.7	2098	12.6
德阳十中	9	298	26218	88.0	11176	37.5
德阳八中	17	693	92937	134.1	30240	43.6
东湖博爱初中	7	272	14051	51.7	11804	43.4
德阳中学（初中部）	69	3284	75686	23.1	45191	13.8
德阳二中	35	1955	33540	17.2	13722	7.0
德阳七中	24	1204	12125	10.1	12369	10.3
岷江东路逸夫学校（初中部）	15	660	5419	8.2	3607	5.5
东电中学（初中部）	17	782	25673	32.8	12863	16.5
德阳五中（初中部）	56	2901	83026	28.6	44448	15.3
德阳三中（初中部）	29	1440	34301	23.8	18347	12.7
衡山路学校（初中部）	12	389	19178	49.3	7114.4	18.3
东汽八一中学（初中部）	14	730	18667	25.6	11330	15.5
德阳市金沙江路学校（初中部）	7	222	36375	163.9	9313	42.0
德阳高新区通威中学	18	862	38342	44.5	13304	15.4

资料来源：根据德阳市教育局提供资料整理。

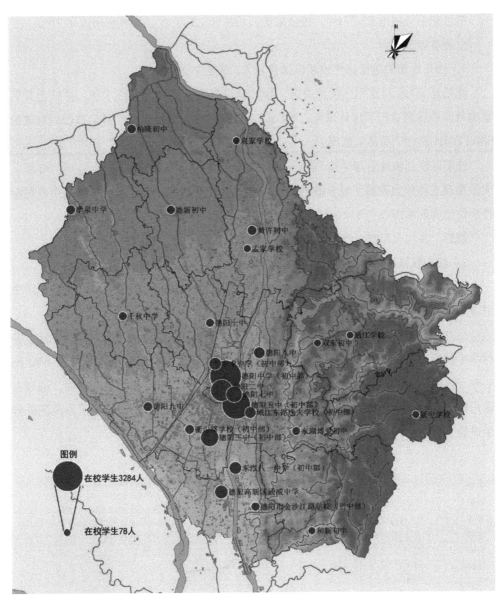

图 4-5　旌阳区现状初中分布图

2. 学校总量略有富余，乡村学校闲置严重

从学校建设规模分析，市区现状小学总占地 94 万 m^2，校舍建筑面积总计 41 万 m^2，可容纳学生规模与现状学生数量相比略有富余。从学校分布情况看，城市学校规模较饱满，使用效率高，总体使用效率 87%；乡镇和村庄学校生源不足，学校资源闲置严重。

市区初中总占地 53 万 m²，校舍建筑面积总计 23 万 m²，学校利用效率 70%。主要有以下原因。

1）汶川地震灾后重建学校建设加强与人口流出的矛盾

德阳是 2008 年汶川地震重灾区，学校建设是灾后重建的重点工作，并结合灾后重建对学校规划进行了优化调整。2009 年 10 月，根据调整规划，对全市规划重建的 584 所学校建立了项目实施库。

旌阳区规划恢复重建学校 76 所，其中九年制学校 9 所，初中 12 所，小学 38 所。灾后重建工作极大改善了城乡教育设施条件，学校可容纳学位显著增加。其中农村学校学位比震前增加 0.7 万个，城市学校比震前增加 2.1 万个。

震后，乡村人口进一步流出，加剧了村镇地区学校资源的闲置。

2）城乡教育质量差距导致农村生源流失

农村学校闲置的主要原因在于城乡教育质量差距和城镇化趋势导致大量乡村学生进城上学，农村义务教育学校生源流失严重。

一方面，市区内乡村地区学生进城上学现象明显。按照现状在校生数量统计，乡村学生数量占比 16.1%；而按照适龄人口计算，乡村小学、初中适龄人口占比 27.8%（图 4-6、图 4-7）。乡村进城上学学生占乡村学校在校生的 30% 多。另一方面，通过市区户籍人口与实际在校生数量的比较（图 4-8），可以看出小学和初中阶段市区外学生进城上学明显。

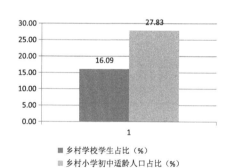

图 4-6   乡村地区户籍适龄人口与实际在校生数量统计（2014 年）
（资料来源：《德阳市中心城区教育设施规划》）

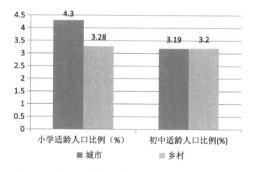

图 4-7   城市与村镇小学、初中户籍适龄人口比例的比较
（资料来源：《德阳市中心城区教育设施规划》）

从各学校学生规模看，城市小学平均学生规模 1238 人，村镇小学平均学生规模 360 人，城市学校在规模上明显占优，易形成优质资源越来越集中的现象，导致城市与村镇学校教育质量的差距日益明显。

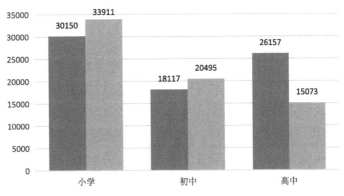

图 4-8　市区户籍适龄人口与实际在校生比较
（资料来源：《德阳市中心城区教育设施规划》）

村镇学校资源闲置，浪费空间资源、设施，不利于学校服务质量的保障，若不进行合理的调配和引导，难以持续良好发展。

3. 德阳市义务教育设施总体发展思路

自国家和四川省出台和印发有关义务教育均衡发展的实施办法和通知以来，德阳市旌阳区教育局也制定了推进义务教育均衡发展的实施方案，成立了义务教育均衡发展领导机构。

为促进优质教育覆盖面合理化，加大优质学校对旌阳区范围内新建学校、薄弱学校、农村学校的整合、重组力度，深化城乡合作共建机制，推进教育均衡发展，制定学校集群发展方案。

为使人、财、物得到有效利用，在集群发展初期，实行紧凑型发展模式，即"实行一个法人主体、一套班子，统一管理"。在步入正轨后，视其情况再考虑实施松散性的发展模式，即"牵头学校与成员学校均为独立法人，校际关系平等"。

集群实行一个法人主体、一套班子，集群内人、财、物、事由龙头学校统筹调配、统一管理，教师干部互相流动，集群通过管理重构、资源重组等实现一体化办学，带动新校、弱校等的快速发展。

——学校布局的原则

在德阳中心城区教育设施规划中，确定了学校发展的总体思路。总体上确保教育设施规划与城市总体规划相协调，在具体布局和建设标准上考虑差异性和弹性控制。

坚持统筹规划的原则。以教育发展总体目标为依据，确定中小学校布局调整规划和逐年实施方案。在教育发展规划制定过程中充分考虑规划的科学性，力求规划符合教育发展的规律，使规划既合理，又具有可实施性。

坚持小学均衡布点、就近入学的原则。在方便学生就近入学的前提下，因地制宜，对现有小学逐步进行调整。调整后的学校力求达到或接近教育现代化的办学标准，新建学校原则上要达到现代化办学标准。

坚持弹性规划、适度超前的原则。规划从发展的角度出发，在对学校的规模和布局进行规划时，遵循预测的结果，并适度超前，使设施布局、规模不仅适应现状发展的要求，更能适应未来教育发展和新型城镇化发展的需要。考虑建设用地条件的差异，制定建设标准的浮动区间。

4.2 人口变动趋势

4.2.1 全市和市区人口发展现状

1. 全市人口现状情况和年龄结构

2014 年全市户籍人口 390.5 万人。其中，0~18 岁人口 63.36 万人，占总人口的 16.2%；18~35 岁人口 90.72 万人，占总人口的 23.2%；35~60 岁人口 169.36 万人，占总人口的 43.4%；60 岁及以上人口 67.07 万人，占总人口的 17.2%（图 4-9）。

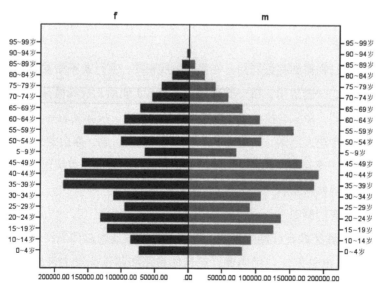

图 4-9　德阳市人口年龄金字塔图
（资料来源：《德阳市城市总体规划（2014—2030 年）》）

2. 市区现状人口发展情况

　　旌阳区现状户籍人口69.3万人，其中非农业人口43.2万人，农业人口26.1万人。一部分人员外出，一部分外来人员到市区就业，全区实际常住人口超过户籍人口总量。

　　旌阳区现状下辖5个街道办事处、10个镇、1个乡，其中八角井、天元、东湖三个乡镇中心区已纳入中心城区建成区范围，中心城区建成区以外现状村镇人口约28.7万人（表4-6）。

　　从市区人口的空间分布看（图4-10），中部为城市建成区，人口最密集；东部龙泉山为低山丘陵地区，村镇相对稀疏，居民点分散且规模小，人口密度相对较低；西部、北部、南部为平原地区，村镇密集，人口密度大，且呈现较均质分布。

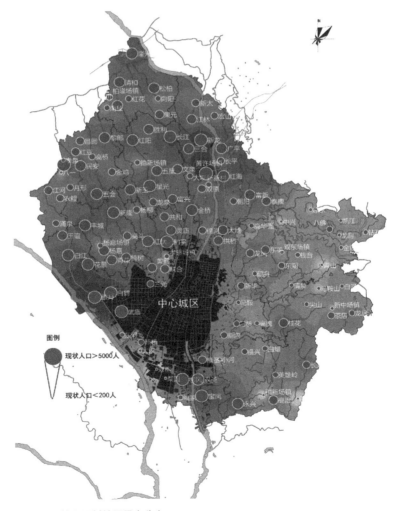

图4-10　旌阳区村镇居民点分布

市区城市现状建成区以外居民点人口分布　　　　　　　　表 4-6

居民点	现状人口（人）	居民点	现状人口（人）	居民点	现状人口（人）
黄许场镇	10439	柏隆场镇	1740	文泉	2732
新新村	1415	南桂	1643	双东场镇	1042
三合	3018	青进	2973	清泉	1055
新龙	4277	红花	1846	东潮	1894
胜华	2318	果元	2409	东美	2358
广平	3235	向阳	1609	钱音	1289
红海	3486	松柏	3172	青山	733
双原	2216	隆兴桥	3616	中兴	778
大坝	1739	清和	3132	高华强	1316
金桥	3262	孝感场镇	1211	龙凤	2244
绵河	2130	灵庙	2864	翻身	1194
新太	2204	共和	2465	金锣桥	1011
江林	2754	杨柳	2003	龙洞	999
宏山	2086	红伏	3315	钻石	1211
朝阳	1973	黄河	2591	凯江	1001
富新	3017	联合	2456	八佛	1764
泰康	2425	和平	4581	凉水	953
长平	2003	天元场镇	已纳入中心城区	新中场镇	816
孝泉场镇	6476	三元	2103	白河	1053
八一	719	白鹤	4022	马鞍山	823
农鲤	2159	歇月	5252	尖山	1279
江河	2406	武庙	5117	龙居	1689
涌泉	1957	东河	1213	茶店	1956
月形	1894	花景	3870	桂花	2483
五会	3536	王谊	2734	和新场镇	476
金鸡	2113	白江	3665	高治	2489
高桥	1874	杨嘉场镇	1413	英雄岭	1535
黎郎	3187	新隆	3716	长寿	2205

居民点	现状人口（人）	居民点	现状人口（人）	居民点	现状人口（人）
民安	3175	丰城	3457	新民	501
孝泉	1059	楠树	2598	永兴	3261
昌圆	2405	青花	2907	白蜡	1374
红豆	2252	扬嘉	2998	福兴	1719
八角井场镇	已纳入中心城区	高斗	2250	小河	950
柳风	5083	德新场镇	1500	东湖场镇	已纳入中心城区
梨园	171	长江	3928	拱桥	2657
双榕	77	胜利	2758	新华	2000
大汉	942	红阳	3354	马鞍	1051
照桥	1833	新玉	3110	大地	2744
福家	1311	龙泉	2203	刁桥	1713
宝凤	3999	富兴	2592	新沟	1869
双圣	3660	星光	3878	高槐	1054
隆圣	2251	五星	3014	—	—

资料来源：根据《旌阳区区域新村建设总体规划（2011—2020年）》资料整理。

4.2.2 旌阳区人口发展和分布预测

德阳是四川省城乡统筹示范市，城乡差距相对较小，具有较好的城乡一体化发展条件。未来德阳城乡发展将以缩小城乡居民收入为出发点，延续农民兼业发展的特点，在从事农业生产的同时，非农忙季节在附近城镇务工或从事与农业相关的二、三产业，这部分农民与传统的专业农户不同，其生产生活往来于乡村和小城镇之间。

随着现代农业开拓了休闲旅游农业、生态农业、能源农业等新领域，以及部分特色农副产品加工等劳动密集型产业落户小城镇，乡村二、三产业就业空间将更为广阔。因此，未来农村人口中不再完全依赖于农业生产而生活的兼业农户比例将有明显提升，而新型农村社区距离农田较近，既可满足兼业农户务农需要，又具有较丰富的非农就业机会和良好的生活服务设施，将成为兼业农户的最佳居住地。

旌阳区由于二、三产业发展势头良好，非农就业岗位充足且潜力较大，人口将持续快速增长，以吸纳城区周边以及其他各县市人口为主。因此，应为在中心城区就业

　　的人口消除体制障碍，使其真正完成农民到市民的身份转化；而城郊地区由于距离中心城区近，应鼓励农民向中心城区转移或实现就地城镇化。同时，城郊乡村发展高效农业和观光农业的条件较好，城市居民同步会向旌阳区农村流动，激发城郊农村活力。

　　按照德阳市总体发展设想，随着德阳中心城区的进一步拓展，中心城区近邻的城镇将纳入中心城区，形成连片发展，包括天元镇、孝感镇、双东镇，黄许、孝泉、柏隆等镇将逐步集聚周边乡村人口，乡村地区人口将进一步向中心城区和周边城镇迁移。预测村镇居民点人口规模和分布如图 4-11 和表 4-7 所示。

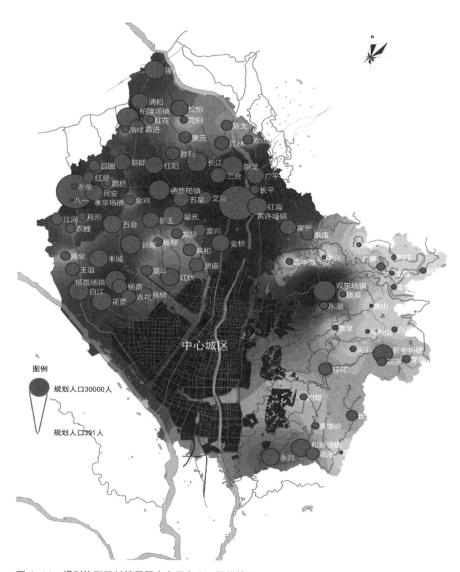

图 4-11　规划旌阳区村镇居民点布局和人口规模情况

規划旌阳区村镇居民点人口情况一览表　　　　　　表4-7

居民点	预测人口	居民点	预测人口	居民点	预测人口
黄许场镇	30000	柏隆场镇	8000	文泉	1639
新新村	规划纳入中心城区	南桂	986	双东场镇	规划纳入中心城区
三合	1811	青进	1784	清泉	633
新龙	2566	红花	1108	东潮	1136
胜华	1391	果元	1445	东美	规划纳入中心城区
广平	1941	向阳	965	钱音	773
红海	2092	松柏	1903	青山	440
双原	规划纳入中心城区	隆兴桥	2170	中兴	467
大坝	规划纳入中心城区	清和	1879	高华强	790
金桥	1957	孝感场镇	规划纳入中心城区	龙凤	规划纳入中心城区
绵河	规划纳入中心城区	灵庙	1718	翻身	规划纳入中心城区
新太	1322	共和	1479	金锣桥	607
江林	1652	杨柳	1202	龙洞	599
宏山	1252	红伏	1989	钻石	727
朝阳	规划纳入中心城区	黄河		凯江	601
富新	1810	联合	规划纳入中心城区	八佛	1058
泰康	1455	和平		凉水	572
长平	1202	天元场镇	已纳入中心城区	新中场镇	2000
孝泉场镇	30000	三元		白河	632
八一	431	白鹤		马鞍山	494
农鲤	1295	歇月	规划纳入中心城区	尖山	767
江河	1444	武庙		龙居	1013
涌泉	1174	东河		茶店	1174
月形	1136	花景	2322	桂花	1490
五会	2122	王谊	1640	和新场镇	2000
金鸡	1268	白江	2199	高治	1493
高桥	1124	杨嘉场镇	6000	英雄岭	921

续表

居民点	预测人口	居民点	预测人口	居民点	预测人口
黎郎	1912	新隆	2230	长寿	1323
民安	1905	丰城	2074	新民	301
孝泉	635	楠树	1559	永兴	1957
昌圆	1443	青花	1744	白蜡	824
红豆	1351	扬嘉	1799	福兴	规划纳入中心城区
八角井场镇	已纳入中心城区	高斗	1350	小河	规划纳入中心城区
柳风		德新场镇	8000	东湖场镇	已纳入中心城区
梨园		长江	2357	拱桥	
双榕		胜利	1655	新华	
大汉		红阳	2012	马鞍	
照桥	规划纳入中心城区	新玉	1866	大地	规划纳入中心城区
福家		龙泉	1322	刁桥	
宝凤		富兴	1555	新沟	
双圣		星光	2327	高槐	
隆圣		五星	1808	—	—

资料来源：根据《德阳市城市总体规划（2014—2030 年）》整理。

4.3 学校评价模型（DEA）应用——旌阳区现状义务教育学校评价

4.3.1 模型数据选择

DEA 评价模型针对现状学校"投入、产出"情况进行分析评价，模型数据选择重点考虑几方面因素：对学校分析评价结论的有效支撑，数据标准的统一和来源的可靠性，数据获取的可实施。

模型数据来源于教育局提供的统一资料和学校调研问卷获取的资料，模型中采用的要素为：投入要素包括学校用地面积、学校固定资产、生均就学距离、专任教师人数、学校行政人员数和学校后勤人员数，产出要素包括在校生数、教学质量和学校综合评分。

4.3.2 综合评价结果

模型分析结果如表4-8、图4-12所示。

其中，纯技术效率指各所学校由于学校管理和各项技术等影响的生产效率，反映的是在一定（最优规模时）投入要素的生产效率；规模效率指由于各所学校规模因素影响的生产效率，反映的是实际规模与最优生产规模的差距；综合技术效率是对决策单元的资源配置能力、资源使用效率等多方面能力的综合衡量与评价，综合技术效率 = 纯技术效率 × 规模效率。

从综合技术效率的角度看，在小学中，天元小学、涪江路学校、美丰寿丰学校等13个学校的投入产出效率较低，需要作出适当调整。

小学 DEA 模型分析结果　　　　　　　　　　　表 4-8

学校	综合技术效率	纯技术效率	规模效率
天元小学	0.9735	1	0.9735
青云山路学校	1	1	1
双东小学	1	1	1
涪江路学校	0.5667	0.6457	0.877652
黄河路小学	1	1	1
美丰寿丰实验学校	0.6343	0.6365	0.996544
东街小学	1	1	1
西街小学	0.9063	1	0.9063
北街小学	1	1	1
华山路学校	0.9058	0.9447	0.958823
城南小学	1	1	1
市一小	1	1	1
金山街学校	1	1	1
孝泉民族小学	0.6318	0.6463	0.977565
德新小学	1	1	1

续表

学校	综合技术效率	纯技术效率	规模效率
天元小学	1	1	1
黄许小学	0.7053	0.7481	0.942788
扬嘉力恒小学	1	1	1
和新思源小学	0.7981	0.8537	0.934872
柏隆一小	1	1	1
实验小学	1	1	1
双东南洋小学	0.8909	0.8993	0.990659
东泰小学	1	1	1
孟家学校	1	1	1
通江学校	1	1	1
新中学校（小学）	0.9031	0.9042	0.998783
岷江东路逸夫学校（小学部）	1	1	1
德外小学	0.7327	0.8932	0.820309
东电外国语小学	1	1	1
东汽小学	1	1	1
衡山路学校（南校区）	1	1	1
德阳市金沙江路学校（小学部）	0.6554	0.873	0.750745
庐山路小学	1	1	1
岷山路小学	1	1	1
德阳市雅居乐泰山路小学	0.8243	0.8318	0.990983

从小学空间分布看（图 4-12），无效学校主要包括城市建成区外围村镇小学和城市建成区内部分边缘地区学校，这与现场实际调研了解的情况一致。这两类学校在震后恢复重建投入较大，但受区位处于边缘地区和村镇人口外流的因素影响，生源过少，不足以支撑学校设施的有效利用。根据小学现状和规划资料（表 4-9），部分学校现状学生规模远未达到规划预期，有的甚至不到规划学生规模的一半。

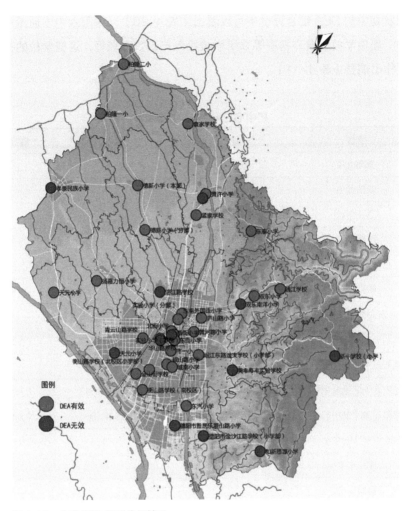

图 4-12　小学 DEA 模型分析结果

部分投入产出效率较低的小学现状和规划学生数比较		表 4-9
学校名称	规划学生数	现状学生数
天元小学	1920	676
涪江路学校	1920	727
美丰寿丰实验学校	720	516
和新思源小学	540	261
双东小学	480	314
新中学校（小学）	540	403
德阳市金沙江路学校（小学部）	960	781
德阳市雅居乐泰山路小学	960	430

从现状初中的 DEA 综合评价中可以看出（表 4-10），德阳六中（通威中学）、德阳三中、新中学校、黄许初中等 9 所学校投入产出效率较低，这些学校的投入产出关系需要作出调整（表 4-11）。

初中 DEA 模型分析结果　　　　　　　　　　　　　　表 4-10

学校	综合技术效率	纯技术效率	规模效率
德阳九中	1	1	1
双东初中	1	1	1
通江学校	1	1	1
和新初中	1	1	1
德阳十中	1	1	1
德阳八中	0.752684	0.7617368	0.988115
东湖博爱初中	1	1	1
东汽八一中学（初中部）	0.841998	0.8528847	0.987236
德阳五中（初中部）	1	1	1
德阳高新区通威中学	0.938452	0.9414583	0.996806
德阳三中（初中部）	0.896091	0.9465664	0.946675
东电中学（初中部）	1	1	1
德外中学	1	1	1
德阳二中	1	1	1
德阳中学（初中部）	1	1	1
德阳七中	1	1	1
新中学校	0.94162	1	0.94162
孟家学校	1	1	1
黄许初中	0.692367	0.694404	0.997066
德新初中	0.835561	0.8869288	0.942084
柏隆初中	1	1	1
孝泉中学	0.655221	0.8092682	0.809647
衡山路学校（初中部）	0.959961	1	0.959961
德阳市金沙江路学校（初中部）	1	1	1
岷江东路逸夫学校（初中部）	1	1	1

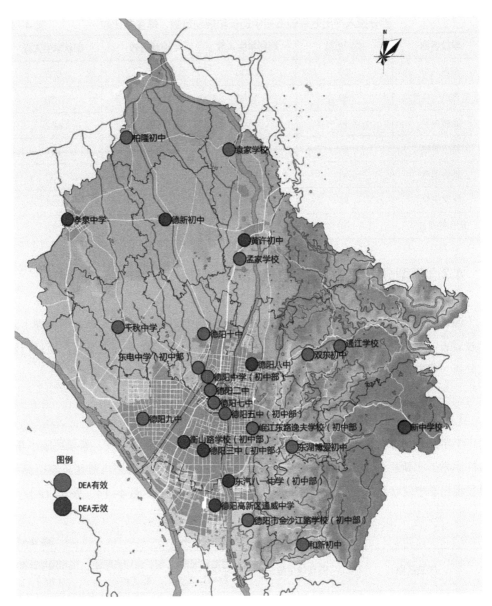

图 4-13　初中 DEA 模型分析结果

　　从初中的空间分布看（图 4-13），无效学校主要分布在旌阳区北部乡镇和城市建成区西南部边缘，市区东部新中镇也呈现无效特征。从市区的空间特征看，城市西北部村镇处于平原地区，交通条件好，与城市联系便捷，初中学生到市区就学的条件较优；城市建成区西南部是工业区，教学环境相对较差，在面临初中之后的升学压力下，学生在城市就学择校中，更倾向于选择城市中心区条件较好的学校，导致这些学校设施呈现过量的现象，难以有效发挥作用。

部分投入产出效率较低初中现状和规划班数、学生数比较   表 4-11

学校名称	规划班数	规划学生人数	现状班数	现状学生人数
德阳八中	60	2400	17	693
东汽八一中学	30	1200	14	730
通威中学	36	1440	18	862
新中学校	6	300	5	167
黄许初中	36	1440	10	400
孝泉中学	30	1500	11	354
衡山路学校	24	960	12	389

4.3.3 模型分析与学校实际发展的对比验证

通过 DEA 模型分析结果，我们可以对各 DEA 无效（即学校投入产出不合理）的学校就各学校的用地面积、学校资产、生均就学距离、各等级教师数量等方面进行量化分析，得出各学校的调整方向。

1. 用地面积因素

小学：天元小学、涪江路学校、美丰寿丰实验学校、华山路学校、孝泉民族小学、黄许小学、和新思源小学、德阳市金沙江路学校（小学部）、德阳市雅居乐泰山路小学呈现出学校现状用地面积指标多于现状学生数需求的现象（图 4-14、表 4-12）。

现状部分小学用地面积分析   表 4-12

学校名称	现状学生数	现状用地总面积（m²）	现状生均占地面积（m²）	生均用地标准（m²）
天元小学	676	75104.0	111.1	16
涪江路学校	727	48683.0	67.0	16
美丰寿丰实验学校	516	27028.0	52.4	16
孝泉民族小学	1154	33004.7	28.6	16
和新思源小学	261	15203.0	58.2	16
德阳市金沙江路学校（小学部）	781	41842.0	53.6	16
德阳市雅居乐泰山路小学	430	36375.0	56.4	16

初中：德阳八中、德阳高新区通威中学、新中学校、黄许初中、德新初中、孝泉中学、衡山路学校（初中部）学校用地面积指标高于现状学生需求（图4-14、表4-13）。

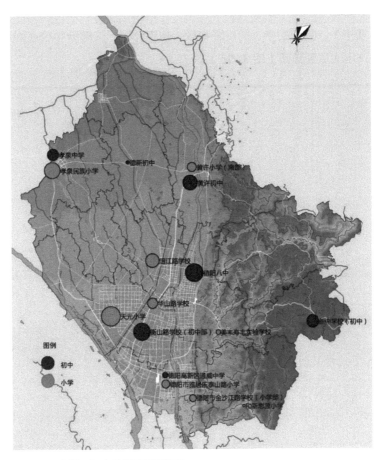

图4-14　小学、初中用地面积调整图

现状部分初中用地面积分析　　　　　　　表4-13

学校名称	现状班数	现状学生数	用地总面积（m²）	生均占地面积（m²）	生均用地标准（m²）
德阳八中	17	693	92937	134.11	21
德阳高新区通威中学	18	862	38342	44.48	21
新中学校	5	167	5124	30.68	21
黄许初中	10	400	43884	109.71	21
德新初中	7	305	25346	83.10	21
孝泉中学	11	354	23414	66.14	21
衡山路学校（初中部）	12	389	19178	49.30	21

2. 固定资产因素

小学包括孝泉民族小学、双东南洋小学、新中学校（小学）、德阳市金沙江路学校（小学部）、德阳市雅居乐泰山路小学，初中包括德阳八中、德阳三中（初中部）、新中学校（初中）、黄许初中、衡山路学校（初中部），这部分学校在固定资产上投入较多，但产出未达到预期（图4-15）。

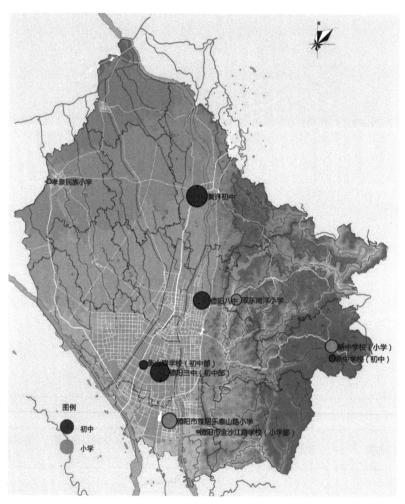

图 4-15   固定资产总值与产出的关系需调整的学校分布图

3. 生均就学距离

孝泉民族小学、和新思源小学、东汽八一中学（初中部）这三所学校，从学生就学距离看，距离过大，需要通过学生择校调整或增加校车等方法缩短生均就学距离（图4-16）。

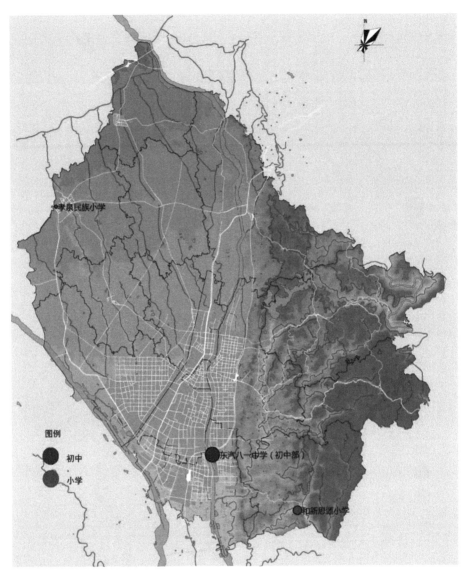

图 4-16 就学距离需调整的学校分布图

4. 教师资源因素

小学：天元小学、涪江路学校、美丰寿丰实验学校、西街小学、华山路学校、孝泉民族小学、黄许小学、和新思源小学、德外小学、德阳市金沙江路学校（小学部）、德阳市雅居乐泰山路小学需要进行教师资源配置的调整（图 4-17）。

初中：德阳八中、东汽八一中学（初中部）、德阳高新区通威中学、德阳三中（初中部）、新中学校、黄许初中、德新初中、孝泉中学、衡山路学校（初中部）需要对教师资源配置进行调整（图 4-17）。

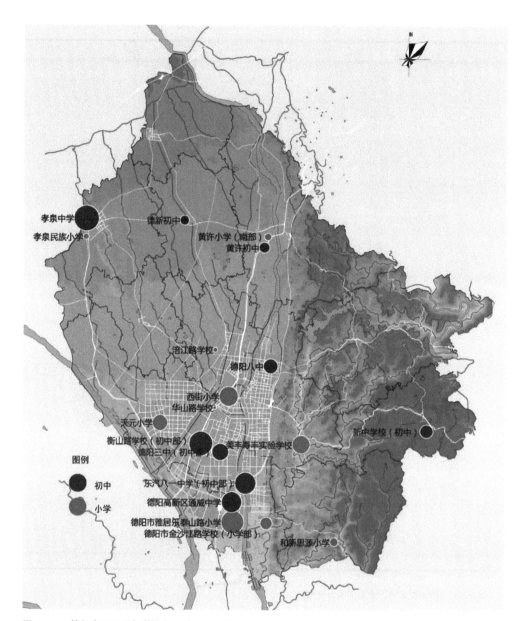

图 4-17　教师资源配置与学校产出关系需调整的学校分布

4.4 ML 模型应用

　　在前述 DEA 模型对现状学校综合评价的基础上，通过 Mixed Logit 模型，针对旌阳区现状学生家庭择校规律进行研究，并结合人口发展和城乡格局发展，对未来村镇学校需求进行预测，提出学校发展建议。

4.4.1 模型数据选择

Mixed Logit 模型从家长需求角度出发，结合前述学校规模、师资条件等基本情况，综合考虑学生家庭收入、家长年龄、受教育程度、就学距离远近、搬迁意愿、可承受的转移学校的成本等因素，分析旌阳区现状中小学条件下，学生家庭的择校规律。

研究的数据来源于调查问卷。本次研究针对旌阳区范围内所有小学、初中发放了调查问卷，经过模型的多轮分析，根据模型中采用数据的有效性，最终通过 2445 个问卷样本，支撑模型结论，样本量约占旌阳区学生总量的 4.5%，包括全区初中和小学。

模型对学生家庭调研的初步数据选择，采用了综合的多项要素，包括家庭位置、家庭收入、家长年龄、文化教育程度、经济收入、教育支出、就学距离（时间）、交通方式、择校可承担的经济成本等。本次获取的问卷数据关于家庭收入、文化程度、年龄、教育费用承担等因素，采取的是区间数据，在经过初步的计算后发现，这些数据在模型计算中较为模糊，与计算结果的关联性较差。因此，在后期的模型计算中，对样本数据进行了筛选，最终采用了样本位置（定位到社区、村庄）、就学距离（distance）、交通方式（和距离结合转化为时间距离）等关键指标，进行样本的空间落位，结合择校中考虑的学校平均成绩（score）、学校教师数量（teacher）、学校中高级教师比例（ratio）三个指标，进行样本的择校偏好分析。

4.4.2 择校规律分析

将选择的因素转变为自变量，分别采用小学和初中数据导入 Mixed Logit 模型计算，计算结果如表 4–14、表 4–15 所示。表中前 5 行表示系数均值，反映了个体对就学距离、学校规模、学校平均成绩、学校教师数量、学校中高级教师比例的平均偏好，后 2 行表示系数的标准差，反映了个体偏好的变异程度。

在模型计算过程中，假设个体对就学距离、学校规模、学校平均成绩、学校教师数量、学校中高级教师比例的偏好服从正态分布。针对初中信息进行模型计算，得到模型的拟合值为 –4584.9（ –2* 对数似然值表征拟合效果），小学信息进行模型计算得到的拟合值为 –1327.7。模型计算结果中（表 4–14、表 4–15），参数值为就学距离、学校规模、学校平均成绩、学校教师数量、学校中高级教师比例的偏好值，而标准 t 值和 t 检验的显著水平反映了偏好是否显著地服从假设的正态分布。从计算结果可以看出，就学距离、学校成绩都很好地反映了实际生活中家长择校的偏好。模型计算过程中，小学择校偏好就学距离、学校成绩因素服从正态分布，而其他因素偏好为常数值；初中择校偏好就学距离、学校中高级教师比例因素服从正态分布，而其他因素偏好为常数值。

针对模型计算结果，我们可以看到就学距离因素系数的均值为负数，这也恰好反映了现实择校过程中每个家庭对学校距离的偏好，总是希望距离学校越近越好。对于小学择校而言，根据学校距离系数的均值 −1.925 和标准差值 0.746，我们可以通过概率密度函数计算出大概有 99.62% 的家长不喜欢距离学校太远；而对于初中择校而言，则有 99.98% 的家长不喜欢距离学校太远，这完全符合实际中家长的选择偏好。

另外，我们可以根据学校教师数量这一变量的系数了解家长对小学教师数量和初中教师数量的平均偏好。相对而言，家长更看重小学的教师数量、学校规模。

同时，相对于教师数量，我们发现每个家长更看重小学和初中的平均成绩，认为平均成绩直观地反映了学校的教育情况，这也是符合实际情况的。

最后，我们通过模型计算结果，得到各小学、初中未来的就学规模计算公式：

就学需求 $= \sum_i \sum_j H_i P_{ij}$（$i=1, 2, \cdots, 86$——居民点数，$j=1, 2, \cdots, m$——表示小学、初中学校数），其中 H_i 代表居民点 i 的适龄人口数；P_{ij} 代表居民点 i 选择学校 j 的概率，$P_{ij} = \int \dfrac{e^{V_j}}{\sum_{j=1}^{m} f(\beta)\,\mathrm{d}\beta}$（其中，$\beta =(\beta_1, \beta_2, \beta_3, \beta_4, \beta_5)$，为 5 个影响因素系数构成的向量；$e^{V_j}$ 表示学校 j 的效用函数，$V_j = \sum_{i=1}^{5} \beta_i x_i$，$x_i$ 表示 5 个影响因素的值）。

小学计算结果表示影响因素就学距离、学校平均成绩的系数分别服从正态分布 N（−1.925，0.746）、N（0.051，0.174），学校规模、学校教师数量、学校中高级教师比例因素呈现为常数值，分别为 0.095、0.009、−0.028；初中计算结果表示影响因素就学距离、学校中高级教师比例的系数分别服从正态分布 N（−2.44，1.24）、N（−0.012，4.34E−06），学校规模、学校平均成绩、学校教师数量因素呈现为常数值，分别为 0.042、0.00216、0.00201。

小学需求发展模型要素分析　　　　表 4-14

	参数值	参数标准差	标准 t 值	t 检验的显著水平	
就学距离	−1.925	0.114	−16.8	<2.2E−16	***
学校规模	0.095	0.172	0.553	0.580	
学校平均成绩	0.051	0.023	2.154	0.031	*
学校中高级教师比例	−0.028	0.008	−3.182	0.001	**

续表

	参数值	参数标准差	标准 t 值	t 检验的显著水平	
学校教师数量	0.009	0.003	2.335	0.019	*
sd. 就学距离	0.746	0.126	5.907	3.47E−09	***
sd. 学校成绩	0.174	0.041	4.212	2.53E−05	***

注：＊代表变量的显著性，"＊＊＊"代表 0.001、"＊＊"代表 0.01、"＊"代表 0.05、"."代表 0.1、""代表 1。

初中需求发展模型要素分析   表 4-15

	参数值	参数标准差	标准 t 值	t 检验的显著水平	
就学距离	−2.44	9.31×10^{-2}	−26.2544	$<2.2 \times 10^{-16}$	***
学校规模	4.20×10^{-2}	4.81×10^{-2}	0.8731	0.382594	
学校平均成绩	2.16×10^{-3}	7.66×10^{-4}	2.8212	0.004785	**
学校中高级教师比例	-1.20×10^{-2}	3.33×10^{-3}	−3.59	0.000331	***
学校教师数量	2.01×10^{-3}	1.16×10^{-3}	1.7324	0.083196	.
sd. 就学距离	1.24	1.47×10^{-1}	8.4398	$<2.2 \times 10^{-16}$	***
sd. 中高级教师比	4.34×10^{-6}	1.21×10^{-1}	0	0.999971	

注：＊代表变量的显著性，"＊＊＊"代表 0.001、"＊＊"代表 0.01、"＊"代表 0.05、"."代表 0.1、""代表 1。

4.4.3 规划就学模型预测

　　基于旌阳区未来村镇人口分布情况，在前述分析评价模型和择校规律分析的基础上，对旌阳区未来村镇学校的就学需求进行预测，提出规划情景下村镇教育资源的配置建议。

　　本阶段模型预测有两个前提。第一，假设本地人口择校偏好规律在未来继续保持，仍采用 Mixed Logit 模型进行分析，按照择校偏好预测未来学校需求；第二，处于规划中心城区范围内的学校，在德阳市中心城区教育设施规划中，已予以针对性落实，在本模型中作为既定的前提条件（图 4-18、图 4-19）。

　　按照德阳市规划，旌阳区村镇人口将总体呈减少趋势，乡镇城镇人口有所集聚，乡村人口整体缩减，规划村镇人口远期（2030 年）约 20 万人。根据人口年龄结构的变动，远期小学、初中学龄人口占总人口比例分别为 3.83%、2.12%，则相应小学、初中学龄人口分别为 7660、4240 人（表 4-16、表 4-17）。

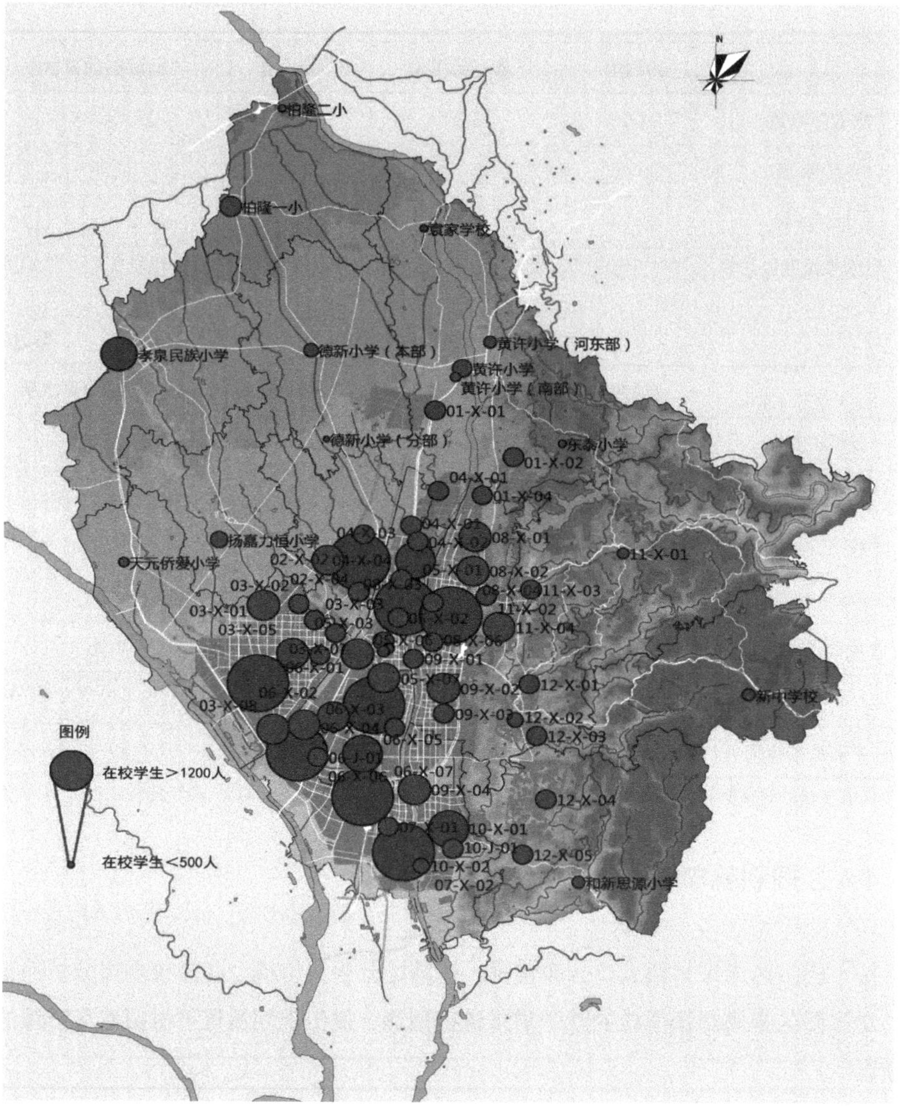

图 4-18　规划中心城区小学及现状村镇小学分布图

德阳中心城区教育设施规划小学一览表

表 4-16

学校名称	规划学生人数（人）	学校名称	规划学生人数（人）	学校名称	规划学生人数（人）
黄许小校	960	实验小学（分部）	1920	庐山路小学	1920
01-X-02	960	东电外国语小学	960	黄河路小学	960
01-X-03	960	实验小学（本部）	960	德阳七中	960
01-X-04	960	北街小学	480	逸夫学校	1200

学校名称	规划学生人数（人）	学校名称	规划学生人数（人）	学校名称	规划学生人数（人）
02-X-01	960	西街小学	480	09-X-03	960
涪江路学校	1920	华山路学校	1200	东汽小学	1200
02-X-03	1200	市一小	1200	10-X-01	1440
02-X-04	960	岷山路学校	1920	金沙江路学校	960
03-X-01	1200	衡山路学校（北校区）	1200	10-X-02	720
03-X-02	960	06-X-03	960	双东小学	480
03-X-03	960	金山街学校	1200	11-X-02	960
03-X-04	960	沱江路小学	1440	11-X-03	960
03-X-05	1200	06-X-06	1920	11-X-04	1200
青云山路小学	960	衡山路学校（南校区）	960	12-X-01	960
天元小学	1920	06-X-07	1920	美丰寿丰实验学校	720
03-X-08	1200	泰山路小学	960	12-X-03	960
04-X-01	960	07-X-02	1920	12-X-04	960
04-X-02	960	08-X-01	1200	12-X-05	960
04-X-03	1440	08-X-02	1200	—	—
04-X-04	960	08-X-03	960	—	—

德阳中心城区教育设施规划初中一览表　　　　表4-17

学校名称	规划学生人数（人）	学校名称	规划学生人数（人）	学校名称	规划学生人数（人）
黄许中学	1440	04-C-02	960	德阳八中	2400
01-C-02	960	东电中学（初中部）	960	德阳五中（老校区）	2880
01-C-03	720	德阳中学（初中部）	2800	东汽八一中学	1200
德阳十中	960	德阳二中	960	金沙江路学校	480
02-C-02	1200	德阳三中	960	10-C-01	720
03-C-01	1440	06-C-01	1920	双东初中	480
03-C-02	1440	衡山路学校（南校区）	960	11-W-01	1200
德阳九中	1920	06-C-02	1440	博爱中学	720
04-C-01	960	通威中学	1440	12-C-02	1200

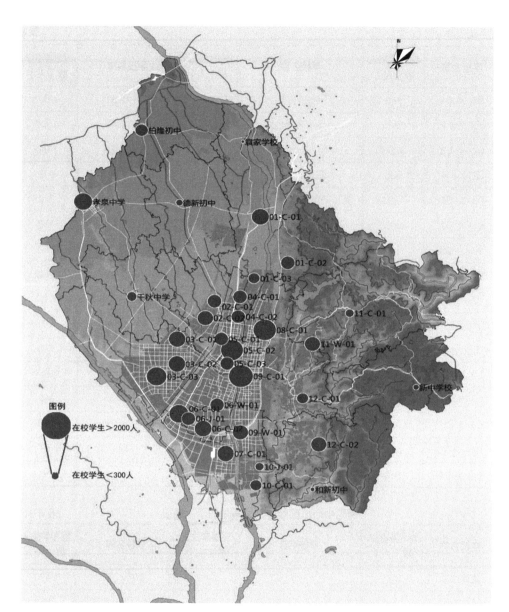

图4-19 规划中心城区初中及现状村镇初中分布图

预测过程分为两轮。

1. 第一轮，初步预测

按照规划预期人口的规模和分布，及既定的中心城区规划学校，设想中心城区之外的现状村镇学校都保留，对各村镇学校未来的学校规模进行预测，结果如表4-18、表4-19所示（在表中，村镇学校名称为中文名称，中心城区学校名称统一用代码表示）。

　　从预测结果看，按照旌阳区现状择校规律，村镇小学学生需求预测为 4348 人，占小学学龄人口总量的 57%；相应地，中心城区规划小学将进一步吸引周边村镇人口就学，占村镇学龄人口比重的 43%。

　　按照旌阳区现状择校规律，村镇初中学生需求预测为 1734 人，占初中学龄人口总量的 41%，中心城区规划初中对周边村镇人口就学吸引较强，占村镇学龄人口比重的 59%。

未来村镇人口就学需求预测（第一轮，小学）　　　表 4-18

学校	学生预测	学校	学生预测	学校	学生预测
柏隆二小	139	03-X-03	46	06-X-07	48
柏隆一小	528	03-X-04	44	07-X-01	41
德新小学（本部）	412	03-X-05	47	07-X-02	48
德新小学（分部）	375	03-X-06	44	08-X-01	37
东泰小学	157	03-X-07	48	08-X-02	36
和新思源小学	86	03-X-08	35	08-X-03	32
黄许小学	394	04-X-01	54	08-X-04	50
黄许小学（河东部）	151	04-X-02	54	08-X-06	34
黄许小学（南部）	196	04-X-03	46	09-X-01	32
天元小学	376	04-X-04	35	09-X-02	57
孝泉民族小学	807	05-X-01	50	09-X-03	32
新中学校	136	05-X-02	47	09-X-04	36
扬嘉力恒小学	357	05-X-03	27	10-J-01	34
袁家学校	292	05-X-04	29	10-X-01	39
01-X-01	389	05-X-05	34	10-X-02	28
01-X-02	102	05-X-06	44	11-X-01	229
01-X-03	63	05-X-07	51	11-X-02	32
01-X-04	47	06-J-01	32	11-X-03	42
02-X-01	174	06-X-01	42	11-X-04	36
02-X-02	95	06-X-02	18	12-X-01	46
02-X-03	76	06-X-03	32	12-X-02	46
02-X-04	66	06-X-04	27	12-X-03	38
03-X-01	127	06-X-05	39	12-X-04	68
03-X-02	71	06-X-06	48	12-X-05	52

未来村镇人口就学需求预测（第一轮，初中）　　表 4-19

学校	学生预测	学校	学生预测	学校	学生预测
千秋中学	361	03-C-01	55	07-C-01	16
柏隆初中	267	03-C-02	32	08-C-01	74
德新初中	324	03-C-03	33	09-C-01	730
和新初中	61	04-C-01	50	09-W-01	17
孝泉中学	410	04-C-02	29	10-C-01	25
新中学校	70	05-C-01	26	10-J-01	20
袁家学校	242	05-C-02	361	11-C-01	111
01-C-01	364	05-C-03	65	11-W-01	29
01-C-02	104	06-C-01	33	12-C-01	17
01-C-03	66	06-C-02	27	12-C-02	49
02-C-01	92	06-J-01	15	—	—
02-C-02	42	06-W-01	22	—	—

2. 第二轮，根据第一轮方案作出决策调整后再预测

根据初次预测结果可以看出，部分村镇小学、初中在未来发展中学生规模较小。有 7 所村镇小学学生规模不超过 300 人，包括柏隆二小、东泰小学、和新思源小学、黄许小学（河东部）、黄许小学（南部）、新中学校；有 4 所村镇初中学生规模不超过 300 人，包括柏隆初中、和新初中、新中学校、袁家学校。

考虑到学校效率和质量保证，对规模较小的学校长远考虑撤销，在其余学校中作第二轮就学规模预测，作为未来学校资源调配的参考。结果如表 4-20、表 4-21 所示。

未来村镇人口就学需求预测（第二轮，小学）　　表 4-20

学校	学生预测	学校	学生预测	学校	学生预测
柏隆一小	642	03-X-08	42	08-X-01	44
德新小学（本部）	426	04-X-01	60	08-X-02	44
德新小学（分部）	422	04-X-02	60	08-X-03	38
黄许小学	609	04-X-03	54	08-X-04	61
天元小学	376	04-X-04	40	08-X-06	40
孝泉民族小学	814	05-X-01	62	09-X-01	38

学校	学生预测	学校	学生预测	学校	学生预测
扬嘉力恒小学	356	05-X-02	54	09-X-02	68
01-X-01	470	05-X-03	33	09-X-03	38
01-X-02	203	05-X-04	38	09-X-04	42
01-X-03	70	05-X-05	44	10-J-01	42
01-X-04	64	05-X-06	52	10-X-01	48
02-X-01	175	05-X-07	59	10-X-02	34
02-X-02	105	06-J-01	38	11-X-01	252
02-X-03	82	06-X-01	52	11-X-02	38
02-X-04	71	06-X-02	22	11-X-03	48
03-X-01	134	06-X-03	38	11-X-04	43
03-X-02	77	06-X-04	33	12-X-01	52
03-X-03	52	06-X-05	47	12-X-02	52
03-X-04	50	06-X-06	60	12-X-03	45
03-X-05	54	06-X-07	60	12-X-04	80
03-X-06	52	07-X-01	48	12-X-05	84
03-X-07	59	07-X-02	60	—	—

未来村镇人口就学需求预测（第二轮，初中）　　　　表4-21

学校	学生预测	学校	学生预测	学校	学生预测
千秋中学	530	03-C-03	55	07-C-01	52
德新初中	540	04-C-01	87	08-C-01	56
孝泉中学	510	04-C-02	59	09-C-01	75
01-C-01	558	05-C-01	58	09-W-01	53
01-C-02	161	05-C-02	90	10-C-01	66
01-C-03	109	05-C-03	44	10-J-01	62
02-C-01	180	06-C-01	63	11-C-01	197
02-C-02	103	06-C-02	59	11-W-01	61
03-C-01	117	06-J-01	43	12-C-01	46
03-C-02	69	06-W-01	44	12-C-02	92

4.4.4 学校调整建议

1. 小学

对于村镇小学，按照模型预测情况，建议重点关注并发展柏隆一小、德新小学（本部）等7所学校，其余的几所村镇小学就学生源预期值过小，建议长远撤销。保留的村镇小学中，德新小学（分部）、天元小学预期学生人数在现状基础上有所增加，需做好资源准备；其余小学学生人数仍呈下降趋势，学校资源将会富余，应统筹学校资源安排（图4-20、表4-22）。

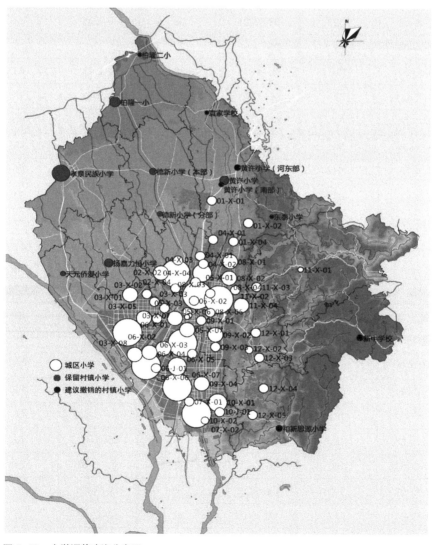

图4-20　小学调整建议分布图

规划保留的村镇小学学生分析　　　　表 4-22

学校	现状学生	原规划设计学生	预测学生	预测与现状的比较	预测与原规划的比较
柏隆一小	825	1080	642	−183	−438
德新小学（本部）	636	585	426	−210	−159
德新小学（分部）	208	225	422	214	197
黄许小学	990	900	609	−381	−291
天元小学	268	315	376	108	61
孝泉民族小学	1154	1350	814	−340	−536
扬嘉力恒小学	583	810	356	−227	−454

规划的城市小学总体将接纳部分村镇人口就学，应做好学校资源的预留。按照预测，01–X–01 等 6 所小学接纳村镇学生将超过 100 人。

2. 初中

对于村镇初中，按照模型预测情况，建议重点关注并发展千秋中学、德新初中、孝泉中学三所学校，其余的几所村镇初中就学生源预期过小，建议长远撤销。保留的村镇初中预期学生人数相比现状将有所增长，需做好资源准备。但要注意到，德新初中原规划设计学生人数过大，预期仍将有较大学位富余，应统筹安排学校资源（图 4–21、表 4–23）。

规划的城市初中总体将会接纳部分村镇人口就学，应做好学校资源的预留。按照预测，01–C–01 等 7 所初中接纳村镇学生超过 100 人。

规划保留的村镇初中学生分析　　　　表 4-23

学校	现状学生	原规划设计学生	预测学生	预测与现状的比较	预测与原规划的比较
千秋中学	209	150	537	328	387
德新初中	305	1500	547	242	−953
孝泉中学	354	350	517	163	167

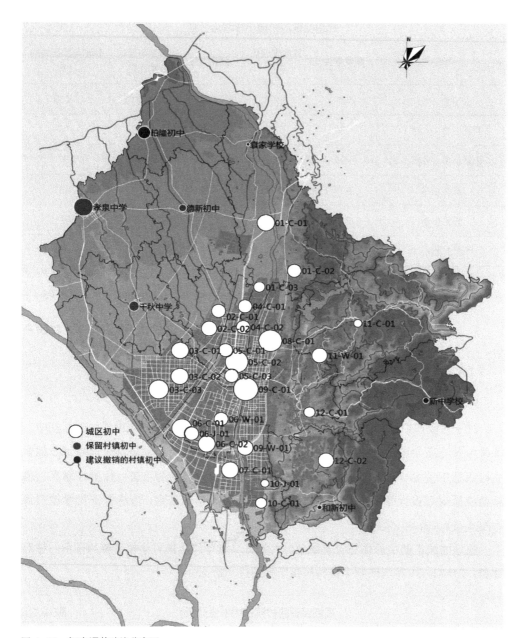

图 4-21 初中调整建议分布图

4.5 布局调整政策建议

　　基于以上学校分析评价和就学预测，在旌阳区城乡空间格局变化趋势下，结合人口发展和对学生家庭择校因素的分析，从以下几个方面引导教育设施和教育资源的合理调配和建设。

4.5.1 城乡一体考虑，统筹教育资源发展

旌阳区包含德阳中心城区，及周边城镇发展条件优越地区，城乡一体化是未来发展趋势，城乡人口流动和公共设施资源共享也将向城乡融合发展。

需要从旌阳区全区范围统筹城市和村镇教育设施发展，统筹进行学校各类资源的评价和调配，有利于推动城乡教育资源布局与城乡人口发展、空间资源的协调，实现城乡教育设施的高效配置。

4.5.2 学校联办统筹，促进城乡资源一体

目前，德阳中心城区探索校际带动的模式，通过优秀校和一般校的合作，实现优质校空间和资源的拓展，一般校教学、管理和整体质量的提升。在德阳教育设施规划中，也在探索城市大学区制的发展模式，推动城市学校的均衡发展。

未来，将中心城区校际合作的经验、学校均衡发展的管理方法向旌阳区全区推广，缓解城市教育资源的压力，并有效利用村镇学校资源，提升村镇学校发展质量，形成城带动乡、城乡互促的学校发展模式。

4.5.3 教育设施建设和教育资源投放建议

教育设施未来发展的新增建设和资源，重点向重点城镇和需求模型中需求度高的一类学校投入。

对于未来建议撤销的学校，及未来预期将缩减规模的学校，减少教育资源的新增投放，做好学校资源统筹调配，避免资源浪费。

学校进一步撤销、整合，将拉大部分地区就学距离，应重点考虑就学交通保障，通过校车等方式改善就学条件。

目前旌阳区教育设施整体发展质量较好，但随着时间的推移、社会的发展，对学校新兴功能的需求将不断提高，应将现状存在严重闲置的学校资源，重点向提升型功能转化，提高学校的产出质量。

4.5.4 因地制宜、实事求是地优化学校布局

需要说明的是，本研究的学校布局优化方法偏重学生规模因素的考察，既出于方

法及数据使用的便利，也出于规划对客观趋势的把握。对于学校布局调整，存在多角度或更深入衡量教育质量的因素，如生师比、师资结构、设施标准等。但就规划层面的布局调整问题而言，规模是反映多项质量影响因素的因变量。而就学规模之辩，即就学格局的分散式与集中式也是学校规划的根本路径问题。

　　从本研究中多方获取的信息来看，对小规模学校的就学交通支持、师资流动支持等短时间内可维持教学质量目标；但在长期的现实大趋势下，人口的城镇化集聚、教育资源特别是师资单向流动的马太效应难以避免，为保障教学资源效率，需要控制对小规模学校的投入。类似地，根据居民就学意愿进行顺应趋势、差异化集中和精明收缩的学校资源配置观点也出现于范先佐等（2009 年）、赵民等（2014 年）学者的研究成果中，主张撤并和整合的优化策略是根据实际情况调研得出的。

第 5 章

北京市通州新城案例应用

5.1 现状基本情况

5.1.1 基本地情

通州新城位于北京六环边缘，地处长安街东延长线与北京东部发展带交汇处；距东二环约 23km，距首都机场约 20km，距亦庄约 15km，毗邻河北省廊坊市北三县地区（三河市、大厂县、香河县），是北京东大门和华北水陆交通枢纽之地。新城 155km² 范围由《北京城市总体规划（2004—2020 年）》确定，2015 年现状城镇建设用地 85km²（规划 100km²），常住人口约 100 万人（2030 年人口规模调控目标 130 万人，就业人口 60 万 ~80 万人）；包括永顺、新华、北苑、中仓和梨园五个街道，及宋庄镇、潞城镇、张家湾镇和台湖镇部分村镇居民点。规划副中心建成区主要位于六环以西地区，通过北京市属行政事业单位整体或部分有序转移，带动中心城区其他功能疏解，承接 40 万 ~50 万人口转移。

5.1.2 城镇化特征

通州新城以居住功能为主，就业岗位少，传统服务业占主导，人户分离和职住分离情况普遍（李秀伟，2012）。北京新城外来人口来源，一是对低学历、就业稳定性差的新生代外来人口"截流"；二是对中心城学历和职业地位较高的外来人口"吸纳"。后者形成一定规模携子女的"家庭流动"，有更强的定居倾向（唐杰，杨胜慧，2012）。

2005—2012 年通州区新增建设用地 30.3km² 中 20.6% 是居住用地；产业用地整体增长缓慢，工业用地比重高。这主要是新城建设以来大规模的地铁住宅开发，短期内吸引大量人口定居导致。八通线通车后新城与中心城东部联系加强，导致区内房价上涨约 20%，约 60% 的购房者在中心城工作，同时村集体住房以低租金吸引外来人口聚居。"住房开发—人口增长"模式缺乏产业和公共服务跟进，容易形成"有城无业"的局面，包括中小学在内的基本公共服务设施不足。近年来虽有北京小学、史家小学、北京第二实验小学等名校分校引进，但难以满足整体对优质基础教育资源的需求。

未来新城人口还将大规模增长，其建设重点不仅是产业发展，更是加强基本公共服务投入。以通州新城为例，研究将考虑应对人口增长和择校需求的学校布局规划，科学协调住房开发与服务配套的关系。

5.1.3 现状学校特征

通州作为城市发展新区，教育发展稳定，区内供需基本平衡，学校品质和数量有待提高。从表5-1可见通州区教育负载系数为97%，与邻区教育质量差距较小，通州新城现状和未来就学需求基本能自给自足。作为全市外来人口集聚地，加上市行政中心迁移等重大项目落地，新城还将继续承载大量基础教育需求。相邻的朝阳与通州相比并不如西城一丰台、海淀一昌平教育质量的差距大，未来通州区内满足就学需求仍是主流。

2012年北京各区人口、幼儿园～高中阶段学生情况与教育负载系数　　表5-1

区	人口 （万人）	学生数 （人）	外来人口比例 （%）	非京籍学生比例 （%）	教育负载系数* （%）
东城	92.0	113736	23.3	14.5	123
西城	124.0	132595	25.9	19.1	119
朝阳	365.8	153122	45.8	44.4	86
海淀	340.2	300960	39.7	30.0	119
丰台	229.5	137880	37.8	47.6	74
石景山	61.6	43639	33.5	32.9	85
昌平	186.7	113876	52.3	52.6	86
顺义	91.5	83581	36.2	22.2	102
通州	118.4	96830	39.3	44.4	97
大兴	142.9	103670	48.6	34.2	91
延庆	31.7	33693	11.7	13.2	101
怀柔	37.3	38735	27.3	22.9	101
密云	47.4	51081	15.0	12.5	100
平谷	40.2	39686	12.4	7.5	99
房山	94.4	95388	23.1	28.4	97
门头沟	29.1	21274	16.4	28.5	85

注：* 教育负载系数为本地就学数 / 本区学生数，大于1表示承担外区就学需求，小于1表示向外区输出就学需求，数据来源为2010年北京市居民出行调查。
　　资料来源：《北京市基础教育设施专项规划（2011—2020年）》。

根据通州区教委统计数据，2016年新城共有小学47所，在校生3.90万人，教职工3218人；中学23所，在校生2.04万人，教职工1630人。各校占地面积、建筑面积、固定资产总值、高级教师比例等属性见表5-2、表5-3。

表 5-2

2016 年通州区小学属性数据表

小学名称	占地面积(m²)	建筑面积(m²)	固定资产(万元)	图书(册)	计算机数(台)	专用教室比例	职工数量	高级教师数量	非高级教师数量	京籍学生数量	非京籍学生数量	语文优秀率	数学优秀率	英语优秀率
北京通州华仁学校	3300	19364	320.00	455	30	9.1%	6	1	19	20	47	—	—	—
通州区私立树人学校	56670	19180	230.00	22500	130	27.5%	19	5	54	62	244	78.0%	75.0%	94.0%
通州区新未来实验学校	6266	3079	238.00	2050	140	2.9%	22	1	58	6	662	—	—	—
通州区新华学校	15631	661	123.82	1222	57	37.5%	3	2	17	7	1	—	—	—
通州区潞河中学附属学校	21200	16700	2087.39	12300	266	31.0%	0	17	38	583	102	—	—	—
通州区梨园学校	36402	14145	1326.91	23486	153	35.0%	29	8	74	247	386	—	—	—
育才学校通州分校	76578	44848	3704.76	70835	747	35.0%	48	45	154	921	1364	73.2%	73.2%	54.6%
通州区立华学校	6000	3900	300.00	5000	45	0.0%	16	0	40	0	685	—	—	—
通州区牛堡屯学校	27454	8704	1397.46	32816	235	42.9%	14	14	65	386	217	72.2%	74.1%	38.9%
通州区陆辛庄学校	38849	10327	1478.70	49124	316	2.5%	23	14	88	350	606	35.0%	37.0%	21.0%
通州区马驹桥学校	56000	29501	8400.58	61893	593	34.2%	43	7	115	119	251	—	—	—
通州区台湖学校	58018	35777	10115.66	58508	377	28.6%	30	28	96	687	657	56.0%	60.0%	52.0%
通州区月河学校	5596	4000	50.00	5000	30	6.7%	11	0	36	1	656	—	—	—
通州区范庄小学	15240	4643	284.69	15681	98	4.3%	1	6	19	150	234	43.0%	57.0%	29.0%
通州区焦王庄小学	10000	5111	580.29	19355	144	36.0%	0	13	22	200	401	68.0%	68.0%	50.0%
通州区龙旺庄小学	27037	9570	651.96	18059	186	36.8%	1	25	31	382	589	42.0%	62.0%	60.0%

续表

小学名称	占地面积(m²)	建筑面积(m²)	固定资产(万元)	图书(册)	计算机数(台)	专用教室比例	职工数量	高级教师数量	非高级教师数量	京籍学生数量	非京籍学生数量	语文优秀率	数学优秀率	英语优秀率
通州区后屯小学	16800	2200	204.23	5650	68	33.3%	1	3	10	14	104	—	—	—
通州区宋庄镇中心小学	40847	19719	1385.19	47495	355	30.8%	21	20	54	660	654	83.0%	85.0%	57.0%
通州区西马庄小学	7000	4808	787.16	17594	121	36.8%	1	13	12	88	301	0	67.0%	0
通州区永顺小学	5155	2269	946.15	12560	140	29.4%	6	19	23	122	387	55.0%	22.0%	66.0%
通州区兴顺实验小学	14200	1960	58.00	9000	48	0.0%	16	0	28	0	968	—	—	—
通州区永顺镇中心小学	24660	6962	638.34	18478	180	24.3%	10	20	35	167	591	80.0%	80.0%	40.0%
通州区中山街小学	7048	5789	1575.10	32983	277	6.7%	3	34	53	699	527	93.0%	90.0%	97.0%
通州区后南仓小学	7003	5171	1327.15	28777	228	11.1%	11	58	36	954	480	96.0%	90.0%	87.0%
通州区官园小学	4886	5874	1526.81	39920	271	30.6%	13	44	30	739	323	95.3%	96.1%	85.2%
通州区贡院小学	23738	18663	9108.02	20000	126	28.8%	5	43	42	461	665	88.4%	75.0%	76.9%
通州区教师研修中心实验学校	20164	15542	9873.03	28507	178	43.3%	13	22	54	438	614	70.0%	55.0%	25.0%
通州区南关小学	8824	3922	840.99	19725	200	34.5%	5	33	27	264	414	70.0%	81.0%	50.0%
通州区东方小学	15681	12742	2602.33	44410	554	43.2%	18	64	67	1659	493	98.0%	97.0%	76.0%
通州区民族小学	4379	3553	504.18	15782	77	28.6%	6	10	17	79	222	31.0%	23.0%	23.0%
通州区乔庄小学	7000	1776	280.05	15836	92	25.0%	8	29	30	572	161	91.1%	88.9%	81.1%
通州区芙蓉小学	22668	19998	806.28	28688	145	21.7%	0	12	11	122	175	0.0%	44.0%	0.0%

续表

小学名称	占地面积(m²)	建筑面积(m²)	固定资产(万元)	图书(册)	计算机数(台)	专用教室比例	职工数量	高级教师数量	非高级教师数量	京籍学生数量	非京籍学生数量	语文优秀率	数学优秀率	英语优秀率
北京小学通州分校	22343	19474	2017.06	32375	317	33.3%	8	31	51	793	537	83.3%	68.3%	43.0%
通州区古城小学	6100	3280	180.00	5000	20	4.8%	8	34	71	936	673	96.0%	86.0%	87.0%
通州区胡各庄小学	18901	4737	1860.09	26055	122	28.0%	3	0	29	0	494	—	—	—
通州区潞城镇中心小学	16454	4261	1678.10	16597	178	58.1%	0	20	25	184	383	19.0%	26.0%	22.0%
通州区北苑小学	5989	6130	1305.81	22170	230	27.3%	12	19	27	193	232	84.0%	79.0%	32.0%
通州区第一实验小学	15800	6681	1323.62	33080	409	25.5%	11	30	36	463	486	84.0%	85.0%	58.0%
通州区大稿新村小学	5118	1958	190.84	15305	36	30.8%	10	52	63	994	699	87.0%	86.0%	81.0%
通州区梨园镇中心小学	10000	5107	1235.16	16986	163	29.0%	5	69	66	1637	549	93.0%	98.0%	69.0%
通州区玉桥小学	8940	4399	1021.05	26123	198	21.7%	1	10	16	143	177	63.0%	75.0%	50.0%
通州区运河小学	20946	10721	2015.40	44870	456	19.0%	19	30	40	434	403	57.0%	66.0%	62.0%
史家小学通州分校	40049	30629	16517.08	38788	534	23.6%	13	49	105	2081	444	96.0%	93.0%	78.0%
通州区临河里小学	10000	8345	785.61	15430	130	32.4%	6	24	43	418	452	48.0%	56.0%	40.0%
北京第二实验小学通州分校	18100	14616	1276.62	17287	220	71.4%	12	8	60	387	421	—	—	—
通州区发电厂小学	30770	3517	566.81	16224	93	36.0%	0	13	11	26	305	28.6%	43.0%	29.0%
通州区张辛庄小学	7572	2638	412.33	11600	105	50.0%	1	9	8	35	182	100.0%	100.0%	100.0%
通州区张湾镇民族小学	10586	3042	339.49	27039	66	47.1%	2	9	12	91	181	86.0%	86.0%	71.0%

续表

小学名称	占地面积(m²)	建筑面积(m²)	固定资产(万元)	图书(册)	计算机数(台)	专用教室比例	职工数量	高级教师数量	非高级教师数量	京籍学生数量	非京籍学生数量	语文优秀率	数学优秀率	英语优秀率
通州区张家湾镇张湾村民族小学	6199	2190	280.96	26865	59	21.4%	2	13	11	147	237	81.0%	63.0%	75.0%
通州区张家湾镇中心小学	20000	11478	1558.09	48625	339	50.0%	33	21	42	604	469	78.0%	76.0%	51.0%
通州区上店小学	10069	2213	408.80	19956	113	17.6%	2	9	21	139	334	54.0%	85.0%	54.0%
通州区师姑庄小学	10517	2453	274.19	18525	96	46.2%	3	6	11	128	103	27.0%	27.0%	9.0%
通州区北寺庄小学	27222	3500	758.68	19416	82	46.7%	2	6	12	87	149	75.0%	69.0%	19.0%
通州区霍里小学	15000	3042	387.65	29814	151	36.8%	2	8	16	210	130	80.0%	83.0%	80.0%
通州区徐辛庄小学	18600	4725	542.77	21516	238	27.3%	2	21	28	422	372	59.0%	67.0%	32.0%
通州区葛渠小学	23340	2884	489.05	17116	86	37.5%	1	9	14	190	157	60.0%	73.0%	53.0%
通州区富豪小学	13506	1733	277.01	17183	84	29.4%	2	7	14	110	194	69.0%	69.0%	56.0%
通州区明星小学	5328	2120	205.00	6000	10	0.0%	2	0	29	0	666	—	—	—
通州区嘉英小学	6400	1880	80.00	5000	16	0.0%	7	0	13	0	247	—	—	—
通州区漷县镇中心小学	30000	9521	1893.05	28873	300	32.1%	28	12	27	436	230	58.0%	72.0%	77.0%
通州区靛庄小学	17442	2783	643.43	13152	171	42.9%	2	8	12	98	167	57.0%	71.0%	100.0%
通州区草厂小学	12336	2813	406.55	10993	126	50.0%	3	9	11	107	80	52.0%	43.0%	8.0%
通州区马头小学	20621	4817	1587.44	20460	143	34.4%	4	12	31	247	282	56.0%	60.0%	56.0%
通州区觅子店小学	40418	9688	673.37	18991	198	30.8%	3	6	33	304	260	52.0%	80.0%	22.0%

续表

小学名称	占地面积(m²)	建筑面积(m²)	固定资产(万元)	图书(册)	计算机数(台)	专用教室比例	职工数量	高级教师数量	非高级教师数量	京籍学生数量	非京籍学生数量	语文优秀率	数学优秀率	英语优秀率
通州区东定安小学	16787	2717	277.11	6393	85	50.0%	2	5	9	71	52	67.0%	67.0%	22.0%
通州区侯黄庄小学	29072	4970	523.45	19382	153	42.9%	2	8	18	227	54	47.0%	63.0%	5.0%
通州区枣林庄民族小学	12000	3055	328.29	15358	135	60.0%	2	8	15	160	121	59.0%	26.0%	100.0%
通州区马驹桥镇中心小学	34094	17324	2772.06	45299	465	11.9%	16	32	102	992	1150	20.3%	37.5%	16.4%
通州区小张湾小学	24382	4466	887.24	22312	212	20.7%	1	9	40	271	493	17.1%	41.2%	19.5%
通州区大杜社小学	16803	4222	1884.74	49283	254	12.5%	3	18	56	527	578	18.8%	29.0%	21.7%
通州区艺才小学	2700	864	32.00	5400	47	0.0%	7	0	22	0	339	—	—	—
通州区马驹桥实验小学	22332	6509	315.34	9950	88	14.3%	1	2	14	31	222	—	—	—
通州区马驹桥镇金桥小学	13083	11337	426.40	16155	34	32.8%	1	3	19	113	289	—	—	—
通州区西集镇中心小学	20790	12283	861.82	16988	175	60.6%	19	5	24	229	107	77.8%	66.7%	66.7%
通州区肖林小学	26333	3711	816.20	5950	78	47.6%	1	6	8	78	37	14.3%	57.1%	0.0%
通州区大灰店小学	14980	2142	349.19	5500	81	53.8%	0	5	8	99	18	80.0%	60.0%	46.7%
通州区新东仪小学	6910	1903	324.64	4350	84	45.5%	0	5	8	79	8	87.5%	62.5%	37.5%
通州区郎府小学	22000	4054	509.06	15000	74	25.0%	2	11	20	239	143	92.3%	65.4%	92.3%
通州区杜柳棵小学	27472	4011	447.83	6250	64	56.1%	0	9	6	77	39	81.8%	72.7%	9.1%

续表

小学名称	占地面积(m²)	建筑面积(m²)	固定资产(万元)	图书(册)	计算机数(台)	专用教室比例	职工数量	高级教师数量	非高级教师数量	京籍学生数量	非京籍学生数量	语文优秀率	数学优秀率	英语优秀率
通州区沙古堆小学	5850	1896	421.62	5150	64	50.0%	0	6	8	80	22	76.9%	53.8%	61.5%
通州区永乐店镇中心小学	21850	9700	995.74	24487	308	22.6%	6	27	38	549	259	60.0%	65.0%	40.0%
通州区德仁务小学	15570	3145	355.90	7448	105	46.7%	0	6	9	91	41	63.0%	50.0%	50.0%
通州区小务小学	10069	2307	300.60	16917	86	14.3%	0	12	18	225	66	25.0%	25.0%	31.0%
通州区柴厂屯小学	18000	8099	2113.44	18261	177	20.0%	0	13	25	357	94	75.0%	83.0%	23.0%
通州区大东各庄小学	24853	4432	467.47	25396	146	28.0%	0	6	16	149	90	45.0%	40.0%	30.0%
通州区大豆各庄小学	14732	2930	434.15	15333	174	33.3%	0	10	19	112	236	43.0%	57.0%	50.0%
通州区卜落垡小学	29250	3189	375.03	9750	104	68.8%	0	7	13	89	77	56.0%	69.0%	50.0%
通州区台湖镇中心小学	7700	4792	804.15	23314	245	23.3%	15	21	41	494	402	33.0%	49.0%	59.0%
通州区私立博羽小学	3300	1075	33.97	10000	35	16.7%	2	0	8	0	252	—	—	—
通州区次渠家园小学	20400	13003	666.87	34022	256	15.9%	2	24	64	887	564	41.2%	33.0%	31.0%
通州区于家务乡中心小学	18589	113313	1661.46	15758	155	25.8%	13	12	38	374	293	82.0%	47.0%	86.0%
通州区于家务乡渠头小学	19460	7514	771.95	16641	78	63.6%	0	8	20	213	130	77.0%	57.0%	65.0%
通州区西垡小学	5134	1827	398.37	12150	50	40.0%	0	6	16	70	149	88.0%	75.0%	88.0%

2016 年通州区初中属性数据表　　　　表 5-3

初中名称	占地面积（m²）	建筑面积（m²）	图书（册）	计算机数（台）	专用教室比例	职工数量	高级教师数量	非高级教师数量	京籍学生数量	非京籍学生数量	语文平均分	数学平均分	英语平均分
通州区龙旺庄中学	56900	24186	27412	180	75.0%	16	4	37	146	322	94	72	88
通州区宋庄中学	55700	12335	26688	201	37.0%	7	8	73	301	248	102	82	108
通州区北关中学	7568	4795	11118	123	33.3%	13	4	36	59	218	98	66	87
通州区第六中学	16568	7362	32155	341	29.7%	19	11	74	787	112	108	92	112
通州区玉桥中学	17340	11545	47959	394	33.3%	28	12	111	1103	216	106	89	109
通州区漷县中学	43876	10162	25063	299	52.0%	16	11	56	355	200	97	79	96
通州区觅子店中学	45730	15061	17988	128	67.0%	7	3	50	234	71	98	74	102
通州区大杜社中学	44024	14343	15000	137	30.8%	14	5	41	208	131	101	79	99
通州区西集中学	49864	14910	37730	120	42.4%	12	4	35	235	89	104	82	105
通州区郎府中学	55874	6764	15180	130	64.0%	15	3	26	171	73	102	78	100
通州区小务中学	29005	6090	17115	141	44.4%	14	3	24	185	33	103	80	102
通州区柴厂屯中学	25011	5562	12360	122	55.0%	13	2	24	183	24	98	74	97
通州区甘棠中学	62400	7657	15159	188	70.6%	20	5	31	138	130	103	81	100
通州区次渠中学	55500	14609	25032	266	73.3%	18	13	51	379	217	103	84	103
通州区于家务中学	71607	32275	19995	211	35.3%	18	5	44	300	162	98	78	105
通州区梨园学校	36402	14145	23486	153	35.0%	29	8	74	154	241	100	75	99
育才学校通州分校	76578	44848	70835	747	35.0%	48	45	154	247	366	105	82	103
通州区牛堡屯学校	27454	8704	32816	235	42.9%	14	14	65	125	71	102	78	104
通州区陆辛庄学校	38849	10327	49124	316	2.5%	23	14	88	128	221	99	71	95
通州区马驹桥学校	56000	29501	61893	593	34.2%	43	7	115	315	666	101	77	93
通州区台湖学校	58018	35777	58508	377	28.6%	30	28	96	199	190	104	78	103

5.2 人口需求情况

5.2.1 现状人口情况

2005—2014 年，通州区常住人口尤其是外来人口增速较快（图 5-1），且在新城集聚特征明显。2010 年通州新城常住人口 67.9 万人，占全区的 57.4%；全区外来人口的 76% 约 33 万人集聚在新城（李秀伟，2012）。新城外来人口比例高，新增就学需求大。

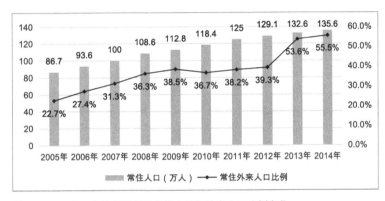

图 5-1　2005—2014 年通州区常住人口与外来人口比例变化
（资料来源：北京统计年鉴）

通州新城以居住功能为主，就业岗位少，传统服务业占主导，职住分离普遍。大规模地铁住宅开发，短期内吸引大量人口定居，对教育设施配套跟进造成较大压力。

5.2.2 未来人口发展预测

新城 155km² 范围内总居住人口预估 100 万人左右。研究采取预估人口上限方法，即通过居住用地及建筑规模反推最大居住人口来推测未来居住需求。根据相关规划和百度地图等来源的现状居住地块、居住小区边界、村镇居民点范围等整理合并带学龄人口规模属性的居民地块共 464 个，人口规模分布见图 5-2，用于后续分析。

居住地块人口数据来源于百度地图，通过建筑阴影（层数）与底面积估算建筑规模，按每户面积 85m² 居住 2.45 人计算；同时，与从"链家地产"抓取的各居住楼盘户数信息进行核对，保证人口数据的时效性。居住人口共计 1043375 人。与《北京通州年鉴》2011—2015年各街道人口变化情况比较发现，该方法估算的人口准确性高且与现状房地产开发规模更为匹配。

由于缺乏更精细的按居民点统计的学龄人口数据，研究假定各地块人口年龄结构相同，以人口分布估算学生分布。根据年鉴中各街道5~14岁学龄人口比例和新城举家落户特征估计，新城小学阶段学龄人口（7~12岁）比例高于内城地区3.6%的设定值，为匹配新城小学生总数规模，取值3.91%。未来小学学龄人口共计40796人。

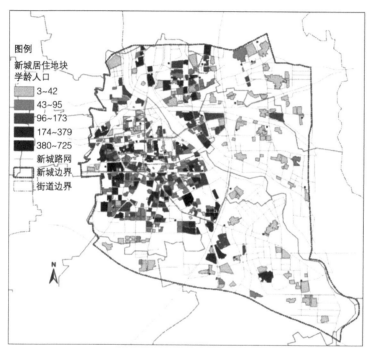

图5-2 通州新城居民点学龄人口分布

5.2.3 路网交通成本构建

出于模型计算需要，小学与居民点之间距离成本基于计算时间可达性的GIS网络分析得到，根据出行方式设定通行时间更符合实际。新城路网根据相关规划和百度地图绘制（图5-3），分为快速路（86.2km）、主干路（144.6km）、次干路（60.6km）和支路（337.9km）四级，在检查路口平交和立交情况后建立。根据成人步行和各类交通工具通行时速常规值，路网中步行出行速度设定为72 m/min、自行车等其他慢行工具出行速度为240m/min，在各级道路设定一致；机动车出行速度按道路等级分类，快速路1300 m/min、主干路830 m/min、次干路670 m/min、支路500 m/min。

模型分析中主要关注根据调查的小学生出行方式比例（步行比例 50%、自行车比例 25%、机动车出行比例 25%）计算的加权时间成本，即步行时间 ×50%+ 自行车时间 ×25%+ 机动车时间 ×25%，作为就学出行的综合成本。

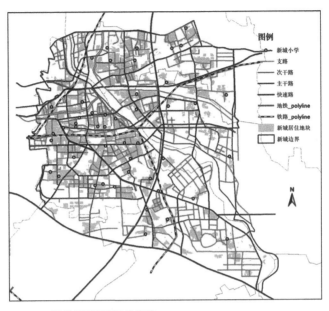

图 5-3　通州新城道路网络构建

5.3 DEA 模型应用

5.3.1 评价指标选择

在本研究中，选取学校占地面积、建筑面积、图书数量、计算机数量、专用教室比例、职工数量和高级教师数量作为投入研究指标，京籍学生数量、非京籍学生数量、数学优秀率、语文优秀率和英语优秀率作为产出研究指标，从师资配备情况、基础设施配置和教学质量等不同层面衡量学校投入—产出情况，DEA 模型通过多输入—多输出有效性综合评价分析学校相对效率。

在 DEA 模型分析方法中，应用最广泛的是规模报酬可变模型（VRS，variable returns to scale）和规模报酬不变模型（CRS，constant returns to scale），VRS 模型假设规模报酬可变，在本研究中，等同于学校内部各投入要素在其他要素不变情况下按相同比例变化时所带来的产出（学生数量、教学质量）变化，以此分析学校的生产规模变化与所引起的产出变化之间的关系，CRS 模型则假设规模报酬不变。VRS 模型计算得到的效率值代表了学校的纯技术效率，是由学校管理和技术等因素影响的效率，效率值介于 0 和 1 之间。CRS 模型计算得到的效率值代表了学校的综合效率，效率值介于 0 和 1 之间，效率值为 1 代表 DEA 有效，否则称其为 DEA 无效。综合效率由纯技术效率和规模效率两部分组成，综合效率 = 纯技术效率 × 规模效率，通过 VRS 和 CRS 模型可计算得到学校的规模效率，用于评估学校现有规模结构和最优规模结构之间的差距。当规模效率小于 1 时，需要再次计算非增规模报酬（NIRS，Non-Increase Returns to Scale），判断造成学校规模效率损失的原因是规模过大还是规模过小。当 NIRS ≠ CRS、NIRS=VRS 时，学校处于规模报酬递增阶段，造成规模效率损失的原因是规模过大；反之，当 NIRS=CRS 时，则是由于规模过小。

本次研究中，学校综合效率（CRS）计算过程如下：

$$
\begin{cases}
\min CRS = \theta - \varepsilon \left(\sum_{i=1}^{n} s^- + \sum_{i=1}^{m} s^+ \right) \\
\sum_{i=1}^{n} x_i \lambda_i + s^- = \theta x_0 \\
\text{s.t.} \sum_{i=1}^{m} y_i \lambda_i - s^+ = y_0 \\
\lambda_i \geqslant 0 \\
s^+ \geqslant 0, s^- \geqslant 0
\end{cases}
$$

其中，松弛变量 s^-、s^+ 分别代表在 DEA 无效时，投入产出为达到合理水平所需要作出调整的值。

5.3.2 综合评价结果

通过计算通州区各小学、初中的综合技术效率，我们发现 53 所小学、17 所初中是 DEA 有效的，投入—产出关系合理。在小学中，大东各庄小学、徐辛庄小学、南关小学、北京小学通州分校、北苑小学、德仁务小学、台湖镇中心小学、民族小学、侯黄庄小学、教师研修中心实验学校、北京教育科学研究院通州区第一实验小学、肖林小学、卜落垡小学、师姑庄小学、马头小学、临河里小学、育才学校通州分校、牛堡屯学校、永乐店镇中心小学、运河小学、台湖学校、草厂小学共 22 所小学的投入产出效率较低（表 5-4）；对于初中，潞县中学、牛堡屯学校、台湖学校、育才学校通州分校 4 所初中是 DEA 无效的，综合技术效率较低，需要通过调整投入优化资源配置以达到 DEA 有效（表 5-5）。

通州区小学 DEA 分析结果 表 5-4

小学名称	综合效率（CRS）	纯技术效率（VRS）	规模效率	非增规模报酬（NIRS）
史家小学通州分校	1.0000	1.0000	1.0000	1.0000
私立树人·瑞贝学校	1.0000	1.0000	1.0000	1.0000
通州区北寺庄小学	1.0000	1.0000	1.0000	1.0000
通州区柴厂屯小学	1.0000	1.0000	1.0000	1.0000
通州区次渠家园小学	1.0000	1.0000	1.0000	1.0000
通州区大豆各庄小学	1.0000	1.0000	1.0000	1.0000
通州区大杜社小学	1.0000	1.0000	1.0000	1.0000
通州区大稿新村小学	1.0000	1.0000	1.0000	1.0000
通州区大灰店小学	1.0000	1.0000	1.0000	1.0000
通州区靛庄小学	1.0000	1.0000	1.0000	1.0000
通州区东定安小学	1.0000	1.0000	1.0000	1.0000
通州区东方小学	1.0000	1.0000	1.0000	1.0000
通州区杜柳棵小学	1.0000	1.0000	1.0000	1.0000
通州区发电厂小学	1.0000	1.0000	1.0000	1.0000
通州区范庄小学	1.0000	1.0000	1.0000	1.0000
通州区芙蓉小学	1.0000	1.0000	1.0000	1.0000
通州区富豪小学	1.0000	1.0000	1.0000	1.0000
通州区葛渠小学	1.0000	1.0000	1.0000	1.0000
通州区贡院小学	1.0000	1.0000	1.0000	1.0000
通州区古城小学	1.0000	1.0000	1.0000	1.0000
通州区官园小学	1.0000	1.0000	1.0000	1.0000
通州区后南仓小学	1.0000	1.0000	1.0000	1.0000
通州区漷县镇中心小学	1.0000	1.0000	1.0000	1.0000
通州区焦王庄小学	1.0000	1.0000	1.0000	1.0000
通州区郎府小学	1.0000	1.0000	1.0000	1.0000
通州区梨园镇中心小学	1.0000	1.0000	1.0000	1.0000
通州区龙旺庄小学	1.0000	1.0000	1.0000	1.0000
通州区陆辛庄学校	1.0000	1.0000	1.0000	1.0000
通州区潞城镇中心小学	1.0000	1.0000	1.0000	1.0000

续表

小学名称	综合效率（CRS）	纯技术效率（VRS）	规模效率	非增规模报酬（NIRS）
通州区马驹桥镇中心小学	1.0000	1.0000	1.0000	1.0000
通州区觅子店小学	1.0000	1.0000	1.0000	1.0000
通州区乔庄小学	1.0000	1.0000	1.0000	1.0000
通州区沙古堆小学	1.0000	1.0000	1.0000	1.0000
通州区上店小学	1.0000	1.0000	1.0000	1.0000
通州区宋庄镇中心小学	1.0000	1.0000	1.0000	1.0000
通州区西垡小学	1.0000	1.0000	1.0000	1.0000
通州区西集镇中心小学	1.0000	1.0000	1.0000	1.0000
通州区西马庄小学	1.0000	1.0000	1.0000	1.0000
通州区小务小学	1.0000	1.0000	1.0000	1.0000
通州区小张湾小学	1.0000	1.0000	1.0000	1.0000
通州区新东仪小学	1.0000	1.0000	1.0000	1.0000
通州区永顺小学	1.0000	1.0000	1.0000	1.0000
通州区永顺镇中心小学	1.0000	1.0000	1.0000	1.0000
通州区于家务乡渠头小学	1.0000	1.0000	1.0000	1.0000
通州区于家务乡中心小学	1.0000	1.0000	1.0000	1.0000
通州区玉桥小学	1.0000	1.0000	1.0000	1.0000
通州区枣林庄民族小学	1.0000	1.0000	1.0000	1.0000
通州区翟里小学	1.0000	1.0000	1.0000	1.0000
通州区张家湾镇张湾村民族小学	1.0000	1.0000	1.0000	1.0000
通州区张家湾镇中心小学	1.0000	1.0000	1.0000	1.0000
通州区张湾镇民族小学	1.0000	1.0000	1.0000	1.0000
通州区张辛庄小学	1.0000	1.0000	1.0000	1.0000
通州区中山街小学	1.0000	1.0000	1.0000	1.0000
通州区大东各庄小学	0.9960	1.0000	0.9960	0.9960
通州区徐辛庄小学	0.9770	0.9851	0.9918	0.9770
通州区南关小学	0.9669	1.0000	0.9669	1.0000

小学名称	综合效率（CRS）	纯技术效率（VRS）	规模效率	非增规模报酬（NIRS）
北京小学通州分校	0.9668	0.9850	0.9816	0.9850
通州区北苑小学	0.9643	0.9837	0.9803	0.9643
通州区德仁务小学	0.9399	1.0000	0.9399	0.9399
通州区台湖镇中心小学	0.9216	0.9558	0.9642	0.9216
通州区民族小学	0.9122	1.0000	0.9122	0.9122
通州区侯黄庄小学	0.9059	0.9455	0.9582	0.9059
通州区教师研修中心实验学校	0.9047	0.9750	0.9279	0.9750
北京教育科学研究院通州区第一实验小学	0.9020	0.9467	0.9527	0.9467
通州区肖林小学	0.8870	1.0000	0.8870	0.8870
通州区卜落垡小学	0.8689	0.8862	0.9804	0.8862
通州区师姑庄小学	0.8432	1.0000	0.8432	0.8432
通州区马头小学	0.8218	0.8255	0.9955	0.8218
通州区临河里小学	0.8201	0.8324	0.9852	0.8201
育才学校通州分校	0.8060	1.0000	0.8060	1.0000
通州区牛堡屯学校	0.7951	0.7951	0.9999	0.7951
通州区永乐店镇中心小学	0.7780	0.8074	0.9636	0.7780
通州区运河小学	0.7557	0.7596	0.9950	0.7596
通州区台湖学校	0.7454	0.7670	0.9720	0.7670
通州区草厂小学	0.6873	0.8513	0.8074	0.6873

通州区初中 DEA 分析结果　　　　　表 5-5

初中名称	综合效率（CRS）	纯技术效率（VRS）	规模效率	非增规模报酬（NIRS）
通州区北关中学	1.0000	1.0000	1.0000	1.0000
通州区柴厂屯中学	1.0000	1.0000	1.0000	1.0000
通州区次渠中学	1.0000	1.0000	1.0000	1.0000
通州区大杜社中学	1.0000	1.0000	1.0000	1.0000
通州区第六中学	1.0000	1.0000	1.0000	1.0000
通州区甘棠中学	1.0000	1.0000	1.0000	1.0000

续表

初中名称	综合效率（CRS）	纯技术效率（VRS）	规模效率	非增规模报酬（NIRS）
通州区郎府中学	1.0000	1.0000	1.0000	1.0000
通州区梨园学校	1.0000	1.0000	1.0000	1.0000
通州区龙旺庄中学	1.0000	1.0000	1.0000	1.0000
通州区陆辛庄学校	1.0000	1.0000	1.0000	1.0000
通州区马驹桥学校	1.0000	1.0000	1.0000	1.0000
通州区觅子店中学	1.0000	1.0000	1.0000	1.0000
通州区宋庄中学	1.0000	1.0000	1.0000	1.0000
通州区西集中学	1.0000	1.0000	1.0000	1.0000
通州区小务中学	1.0000	1.0000	1.0000	1.0000
通州区于家务中学	1.0000	1.0000	1.0000	1.0000
通州区玉桥中学	1.0000	1.0000	1.0000	1.0000
通州区潞县中学	0.9524	0.9560	0.9963	0.9560
通州区牛堡屯学校	0.8963	0.9724	0.9218	0.9724
通州区台湖学校	0.6948	0.8314	0.8357	0.8314
育才学校通州分校	0.6620	1.0000	0.6620	1.0000

5.3.3 学校资源调配建议

从 DEA 无效学校的非增规模报酬与综合效率、纯技术效率比较来看，通州区肖林小学、师姑庄小学、民族小学、德仁务小学、台湖镇中心小学、大东各庄小学、侯黄庄小学、临河里小学、草厂小学、马头小学、徐辛庄小学、永乐店镇中心小学和北苑小学共 13 所学校处于规模效益递增阶段，由于规模过小造成效率损失，可通过加大投入，扩大规模或调整规模结构来提高效率，需要增加资源投入；而台湖学校、卜落垡小学、运河小学、教师研修中心实验学校、南关小学、牛堡屯学校、育才学校通州分校、北京小学通州分校、通州区第一实验小学及 4 所无效初中处于规模效益递减阶段，由于规模过大造成效率损失，需减少投入，缩小规模，实现资源利用效率的提高（表 5-6）。

总体而言，41.5% 的小学和 23.5% 的初中投入产出效率需要调整（表 5-7）。通过以上结果，可以进一步对无效学校的用地面积、建筑面积、固定资产、各等级教师数量等方面进行量化分析，得出各学校的资源调整方向。

表5-6

通州区非 DEA 有效小学投入冗余与产出不足的计算结果

决策单元	投入冗余										产出不足		
	占地面积（m²）	建筑面积（m²）	图书（册）	计算机数（台）	专用教室比例	职工数量	高级教师数量	非高级教师数量	京籍学生数量	非京籍学生数量	语文优秀率	数学优秀率	英语优秀率
通州区肖林小学	11925.98	1261.631	0	0	0	0.72306	0	0	0	0	0.572863	0	0.37884403
通州区师姑庄小学	2857.778	0	6344.91	14.15476	0.261356	0	0	0	0	0	0	0.013205	0.166082045
通州区民族小学	0	1230.916	6959.206	10.59163	0.123003	3.986456	0	0	77.45508	0	0.036519	0.065716	0.072038164
通州区德仁务小学	6504.546	780.8339	1083.737	31.05406	0	0	0	0	0	0	0.350547	0.143302	0
通州区台湖镇中心小学	0	498.9125	11285.03	152.8279	0.049136	10.13588	0	0	0	0	0.004016	0	0.009025482
通州区大东各庄小学	14364.3	115.4972	14971.91	77.1409	0	0	0	3.028871	0	48.37043	0.177259	0	0.472814398
通州区侯黄庄小学	10451.27	431.3944	0	12.00423	0.043694	0	0	0	0	0	0.098977	0.120527	0.097117036
通州区临河里小学	0	2581.965	0	17.13388	0.031162	1.965177	0	0	0	0	0	0.030913	0.348276838
通州区草厂小学	449.1536	0	0	18.41956	0.058753	0	0	0	0	0	0.163387	0.312315	0
通州区台湖学校	8148.167	14370.14	6932.177	0	0	19.33475	0	7.408445	0	0	0	0.01326	0
通州区马头小学	3456.265	0	0	0	0.039018	0	0	0	0	0	0.294682	0	0.096220213
通州区卜落垡小学	12802.07	449.4529	0	19.92497	0.102459	0	0	0	0	0	0.178535	0.089855	0
通州区运河小学	0	1489.368	5756.185	178.9558	0	8.054575	0	0	0	0	0.011789	0	0.161214923
通州区徐辛庄小学	7911.175	107.9201	3566.412	103.283	0	0	0	0	0	0	0	0	0.106710614
通州区永乐店镇中心小学	3350.755	2166.447	0	100.684	0	0.447776	0	0	0	0	0.054809	0.007244	0

续表

决策单元	投入冗余								产出不足				
	占地面积（m²）	建筑面积（m²）	图书（册）	计算机数（台）	专用教室比例	职工数量	高级教师数量	非高级教师数量	京籍学生数量	非京籍学生数量	语文优秀率	数学优秀率	英语优秀率
通州区教师研修中心实验学校	1318.645	10023.06	713.7159	0	0.15929	7.463725	0	0	16.99596	0	0.10057	0.56396	0.532934642
通州区南关小学	0	51.91666	0	43.76339	0	0.138427	9.495352	0	18.76068	0	0	0	0.216368758
通州区牛堡屯学校	0	0	0	4.904463	0.0095586	8.413198	0	22.37776	0	0	0	0.039653	0.240166622
育才学校通州分校	9569.942	18434.79	0	80.61857	0	26.43545	0	5.564409	150.72159	0	0	0.388026	0.066077261
北京小学通州分校	0	7367.673	0	64.82725	0	0	0	0	0	0	0	0.13949	0.191125001
通州区北苑小学	0	2474.643	1093.633	73.86608	0	9.354813	0	0	123.59326	49.99181	0	0	0.524004759
通州区第一实验小学	0	266.4802	0	205.1639	0	4.307169	0	0	0	0	0	0	0.223439234

通州区非 DEA 有效初中投入冗余与产出不足的计算结果   表 5-7

决策单元	投入冗余								产出不足				
	占地面积（m²）	建筑面积（m²）	图书（册）	计算机数（台）	专用教室比例	职工数量	高级教师数量	非高级教师数量	京籍学生数量	非京籍学生数量	语文优秀率	数学优秀率	英语优秀率
通州区潞县中学	17795.08	0	926.1189	66.32901	0.095823	0	3.600007	0	0	0	5.929435	0	3.68264
育才学校通州分校	12766.87	14274.99	0	108.3021	0	3.233085	19.14249	10.79552	0	0	6.984095	0	2.294075
通州区牛堡屯学校	0	0	11891.02	48.31497	0	0	6.85784	6.691762	22.92007	174.7604	8.416926	0.975608	0
通州区台湖学校	0	12223.51	8187.085	22.21966	0	1.497581	9.75007	0	0	0	2.402219	1.556751	0

1. 规模过小小学

此时学校规模报酬递增，增加投入虽然可以提高效率，但由于投入结构不合理，未达到最佳匹配，所以不能实现 DEA 有效，需要减少浪费，方能实现 DEA 有效。

用地面积方面，肖林小学、师姑庄小学、德仁务小学、大东各庄小学、侯黄庄小学、草厂小学、马头小学、徐辛庄小学、永乐店镇中心小学需减少用地投入。

建筑面积方面，肖林小学、民族小学、德仁务小学、台湖镇中心小学、大东各庄小学、侯黄庄小学、临河里小学、徐辛庄小学、永乐店镇中心小学和北苑小学有资源浪费情况存在。

类似地，各校图书、计算机、专用教室、职工数量方面的资源调整量也可从表中查询。

2. 规模过大小学

此时学校规模报酬递减，表明初始投入过大，应缩减投入或者增加产出，才能实现 DEA 有效。

用地面积方面，台湖学校、卜落堡小学、教师研修中心实验学校、育才学校通州分校需要减少投入。

建筑面积方面，除牛堡屯学校以外，所有学校均存在资源浪费。

其他资源投入冗余也可查，特别是南关小学高级教师数量有富余情况。

需要说明的是，以上量化的资源投入优化建议在实际操作中并不完全等同于现有投入的缩减，而是着重停止扩建和无效的资源投入，着力提升教育产出效率。

四所规模过大初中在各类资源中也均有一定的投入冗余，应按表 5-7 中数量进行投入产出调整，提高教育资源使用效率，才能实现 DEA 有效。

5.4 ML 模型应用

5.4.1 家庭择校偏好分析

在就近入学政策背景下，择校对就学可达性的影响一般被区位（如居住选择、房价影响）研究代表。而从以上两节看出，学校规模（以及相关教育质量指标）、居民点到学校的出行成本、学生家庭收入等是彼此相关且共同影响就学格局的重要择校因素。就通州新城而言，择校对就学可达性的影响及其规律还有待深入挖掘。

对于通州新城和调查地区，家庭就学选择可认为是一种复杂的微观决策过程，类似于顾客在一个有边界的市场中根据自身条件、获得成本以及产品性能偏好等因素作出对产品的选择。那么，尽管一般 Huff 模型对影响因素及参数的考虑与实际拟合度较高，但可能遗漏择校过程中的多重影响因素而成为一种巧合。本节尝试在梨园地区调查数据基础上，应用 Mixed Logit 模型对多重择校影响因素进行筛选和影响程度估计，进而模拟和评价整体的小学就学格局。

使用该模型的前提假设是允许多个家长在多个学校中进行选择。但需要说明的是，由于调查范围只限于一个街道 6 所学校的 786 个样本，家长择校偏好可能无法充分可靠地反映出来。调查中 70% 以上小学和初中家长在孩子入学时没有可选学校，且90% 左右在"幼升小"时通过就近方式入学（表 5–8），意味着就近应当是整个就学格局的主要特征。但 Huff 模型模拟的长距离就学情景却不尽然，学校规模与学生家庭收入的相关关系也反映出一定的教育分层，意味着择校偏好和行为实际存在。或可以认为择校是一种长期潜在的意愿，当通州经济发展、学校建设扩张和教育质量提高之后仍会反映出来；家庭在封闭市场中择校的前提成立。

调查样本升学方式统计　　　　　　　　　　　表 5-8

项目		小学（N=715）		初中（N=71）	
		频数	百分比	频数	百分比
是否有可选学校	是	125	17.5%	10	14.1%
	否	521	72.9%	55	77.5%
	不清楚	63	8.8%	6	8.5%
"幼升小"方式	就近	646	90.3%	60	84.5%
	购买"学区房"	30	4.2%	2	2.8%
	民办	3	0.4%	2	2.8%
	特招	9	1.3%	1	1.4%
	其他	20	2.8%	4	5.6%
"小升初"方式	就近	104	14.5%	29	40.8%
	派位	30	4.2%	16	22.5%
	直升	34	4.8%	20	28.2%
	特长生	1	0.1%	3	4.2%
	民办	6	0.8%	0	0.0%
	其他	7	1.0%	1	1.4%

续表

项目		小学（N=715）		初中（N=71）	
		频数	百分比	频数	百分比
未选学校原因	教育质量不高	58	8.1%	2	2.8%
	硬件设施欠佳	39	5.5%	3	4.2%
	周边环境不佳	46	6.4%	2	2.8%
	就学费用高	13	1.8%	3	4.2%
	就学距离远	146	20.4%	7	9.9%
	不符合入学条件	95	13.3%	8	11.3%
	外来人口入学难	84	11.7%	9	12.7%
	其他	58	8.1%	4	5.6%

资料来源：本研究调查结果统计。

　　图5-4显示，在小学阶段，家长未选其他学校的最主要原因是距离远（20.4%），说明距离是就学选择的重要因素。小学和初中升学障碍中均反映出不符合入学条件（13.3%、11.3%）和外来人口入学难（11.7%、12.7%），说明某些政策因素和学生家庭自身因素也影响就学选择。对梨园地区小学和初中家长主观择校因素的排行显示，学校教学水平被看重的比例最高，其次就是离家远近；设施条件和生源质量也被一定程度地看重，说明家长在就学选择时会对学校质量和就学成本等多种因素进行权衡。

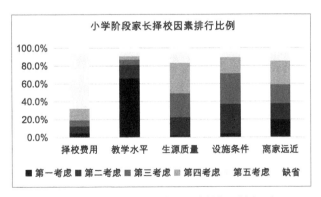

图5-4　样本小学与初中阶段家长择校因素排行比例（一）

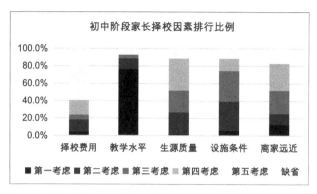

图 5-4   样本小学与初中阶段家长择校因素排行比例（二）

5.4.2 择校规律分析

在调查实证基础上，研究应用 Mixed Logit 模型分析家庭择校因素影响，尝试模拟基于需求的新城小学就学格局。ML 模型是离散选择模型的最新发展，其优势在于选择适当分布函数的情况下可以趋近任何随机效用模型，具有高精度和高适应性，对选择规律的模拟更符合实际。但由于参数估计复杂，该模型应用尚不广泛和成熟，我国已有少量研究应用于交通方式选择、产品偏好、财务状况等，在学校选择方面，除了夏竹青（2015 年）对德阳市就学需求进行分析和预测应用之外，相关研究还不多见。

与一般 Logit 模型相同，ML 模型的原理基础为随机效用的最大化，但扩大了选择集，假设所选项效用大于其他所有备选项。效用决定于个体和选项的可观测和不可观测特征，可结合多项式 Logit（选择概率受个体特性影响）和条件 Logit（选择概率受选项特性影响）两者测量影响因素在个体水平的变化。ML 模型设定解释变量系数为随机分布形式，突破了 IIA（不相关选项独立性）假设和 IID（独立分布）假设限制。

ML 模型的概率函数是 Logit 模型的积分形式，通过估计概率密度函数的参数分布得到，决策者 n 选择学校 i 的概率表示为：

$$P_{ni} = \int L_{ni}(\beta)\, f(\beta / \theta)\, \mathrm{d}\beta$$

其中，$L_{ni}(\beta)$ 是参数向量 β 下的 Logit 概率，可视为 Logit 概率的加权平均值，表达式为：

$$L_{ni}(\beta) = \frac{e^{V_{ni}(\beta)}}{\sum_{j=1}^{J} e^{V_{nj}(\beta)}}$$

$V_{ni}(\beta)$ 是参数 β 下可观测的效用部分，如果其与影响因素关系是线性的，即：

$$V_{ni}(\beta) = \beta' x_{ni}$$

结合前文对家长择校需求的分析，可以将就学距离、学校规模和高级教师比例代表的教学质量、家庭收入、教育支出费用、搬迁意愿等因素[①]纳入择校规律分析，比如：

$$V_{ni}(\beta) = \beta_1 \cdot 就学距离 + \beta_2 \cdot 学校规模 + \beta_3 \cdot 高级教师比例 + \beta_4 \cdot 家庭收入 \cdots$$

$f(\beta / \theta)$ 是代表权重的某种分布的密度函数，包括正态分布、对数分布、均匀分布、三角分布等。假设参数 β 服从一定分布，体现个体选择偏好的随机性。当 β 服从正态分布时，表达式为：

$$f(\beta / \theta) = \frac{1}{\sqrt{2\pi}\sigma} \exp\left[-\frac{(\beta-\mu)^2}{2\sigma^2}\right], \quad \theta \text{ 为正态分布参数 } \mu \text{ 和 } \sigma \text{ 的函数。}$$

ML 模型中概率 P_{ni} 的算法难点在于其积分表达在数学上不封闭，无法使用解析式求解，需要通过极大似然估计法模拟求解确定 θ，通过正态分布密度抽样生成随机数，代入 $L_{ni}(\beta)$ 中得到函数值，计算平均值得到 P_{ni}。

数据分析可使用 R 语言的 mlogit 包，将影响因素中的无序多类变量和连续变量设定为正态分布，二元变量设定为均匀分布进行拟合。拟合效果以 McFaddden 似然率指标判断，值越大效果越好。

通过调整变量分布获得较好拟合效果，表 5-9 所示为就学选择相关的影响因素计算结果。就学距离（随机参数）、梨园镇中心小学、通州区第一实验小学、大稿新村小学学生家长平均收入的系数分别服从正态分布 N（-0.00287，0.00046）、N（-0.78516D-05，0.2356D-05）、N（-0.10440D-04，0.3173D-05）、N（-0.33912D-05，0.1722D-05）；建筑面积（随机参数）、占地面积（非随机参数）、固定资产（非随机参数）、梨园学校、育才学校通州分校学生家长平均收入因素呈现常数值，分别为 -0.26021D-04、-0.25670D-04、-0.00031、0.57850D-06、-0.15353D-05。去掉潞河中学附属学校学生家庭收入以避免计算过程中矩阵出现共线性问题。结果说明，在梨园街道，小学家长就学选择与就学距离、学校硬件条件和自身收入有关，代表新城家庭买房上楼盘配套小学的一种情景（与新城教育地产模式有关）。

---

① 计算中样本与学校之间的就学距离通过请求百度API获得，家庭收入取区间中值，结合学校教学质量变量纳入计算矩阵。由于居住区房价代表家庭购买力水平，后续预测时家庭收入变量可以用居民点房价替换。

通州新城小学 Mixed-Logit 选择模型结果   表 5-9

选择	参数值	标准差	Z 值	Z 检验显著水平 *	95% 置信区间	
效用函数中的随机参数						
就学距离	−0.00287***	0.00046	−6.29	0	−0.00376	−0.00198
建筑面积	−0.26021D−04	0.7102D−04	−0.37	0.7141	−0.16522D−03	0.11317D−03
效用函数中的非随机参数						
占地面积	−0.25670D−04	0.1977D−04	−1.3	0.1941	−0.64419D−04	0.13079D−04
固定资产	−0.00031	0.00037	−0.84	0.4019	−0.00104	0.00042
1_ 收入	−0.78516D−05***	0.2356D−05	−3.33	0.0009	−0.12470D−04	−0.32332D−05
2_ 收入	−0.10440D−04***	0.3173D−05	−3.29	0.001	−0.16659D−04	−0.42213D−05
3_ 收入	−0.33912D−05**	0.1722D−05	−1.97	0.0489	−0.67662D−05	−0.16109D−07
4_ 收入	0.57850D−06	0.1459D−05	0.4	0.6918	−0.22817D−05	0.34387D−05
5_ 收入	−0.15353D−05	0.1376D−05	−1.12	0.2646	−0.42327D−05	0.11621D−05
Distns.of RPs. 标准差或三角极限值						
Ns 就学距离	0.00200***	0.00041	4.87	0	0.00119	0.0028
Ps 建筑面积	0.00014***	0.4620D−04	3.11	0.0019	0.00005	0.00023

注：***、**、* 代表在 1%、5%、10% 水平显著。

需要说明的是，在使用本次调查问卷数据拟合的过程中，由于六所学校可选项变量数值间变异程度（variance）不够大，出现奇异矩阵，即无解和无穷解的情况，参数 β 的估计和调整有困难。代表学校教学水平的中高级教师比例、成绩等因素在结果中不显著，不代表家长现实择校与教学质量无关，这主要由于数据并不能按照理想方式采集，相对距离、面积因素而言不够显著。此外，前文假设家长决策时明确了解所有学校情况，具有选择自由的前提也较为理想。但根据模型特性，在获得更大范围学校数据的情况下，使用 ML 模型可以逼近真实的择校需求概率估计，并进入后续优化流程。

5.4.3 就学需求格局预测

在分析诸多因素对新城小学家庭就学选择过程的影响之后，将参数系数推广到更大的人口和居民点情景下的就学需求分布预测，得到该择校规律下新城的生源分布格局，提出规划情景下教育资源的配置建议。

用此模型预测的前提是新城家庭择校规律在未来继续保持，并且学校各方面条件基本保持现状。各校就学规模 S_j 表示为：

$$S_j = \sum_{i=1}^{n} \sum_{j=1}^{k} R_i P_{ij}$$

其中，i 代表 1 到 n 个居民点，j 代表 1 到 k 个学校，R_i 代表居民点 i 的学龄人口数量；对于居民点 i 选择学校 j 的概率 P_{ij}：

$$P_{ij} = \int e^{V_j} / \sum_{j=1}^{k} f(\beta)\, d\beta$$

式中，e^{V_j} 为学校 j 的效用函数，$V_j=\beta_1 \cdot x_1+\beta_2 \cdot x_2+\beta_3 \cdot x_3+\beta_4 \cdot x_4+\beta_5 \cdot x_5 \cdots$ x_i 表示相应的影响因素值；β 为多个影响因素系数构成的向量。

这样将微观的择校规律推广到模拟整个新城就学需求分布。相对而言，从模型原理来看，ML 模型因为纳入更多个体选择学校影响因素考量，其模拟结果最接近现实判断；使用更多的引力模型同时权衡规模和距离因素，对资源就近可得性的评价最为直接。

按照现状居住空间反推的上限人口规模和分布，及既定的学校分布，设想所有学校保留，对各校未来的就学规模进行预测。小学学生需求预测为 40796 人。从预测结果看（表 5-10），按照通州新城现状择校规律，北京第二实验小学通州分校、北京小学通州分校、史家小学通州分校等 18 所学校规模将超过 1000 人；其中，史家小学通州分校、东方小学、育才学校通州分校 3 所小学是规模超过 2000 人的超大规模校。北苑小学、范庄小学、芙蓉小学、潞城镇中心小学、永顺镇中心小学有超过 500 人的规模增加，而大稿新村小学、古城小学、后南仓小学、梨园镇中心小学将有超过 500 人的规模缩减，压力被周边名校分担。随着居住区入住完善和就近入学需求增加，新城北部和南部学校将增加对就学需求的吸引，需要规划新学校分担就学压力。

通州新城小学就学需求现状与预测结果比对　　表 5-10

小学名称	现状	根据 ML 模型结果预测
北京第二实验小学通州分校	808	1298
北京通州华仁学校	67	112
北京小学通州分校	1330	1696
史家小学通州分校	2525	2345
通州区北苑小学	425	977
通州区大稿新村小学	1693	849
通州区第一实验小学	949	1277

小学名称	现状	根据 ML 模型结果预测
通州区东方小学	2152	2214
通州区发电厂小学	331	301
通州区范庄小学	384	955
通州区芙蓉小学	297	1496
通州区贡院小学	1126	1530
通州区古城小学	1609	646
通州区官园小学	1062	956
通州区后南仓小学	1434	621
通州区后屯小学	118	165
通州区胡各庄小学	494	241
通州区焦王庄小学	601	412
通州区教师研修中心实验学校	1052	1277
通州区梨园学校	633	1063
通州区梨园镇中心小学	2186	1344
通州区临河里小学	870	1218
通州区龙旺庄小学	971	567
通州区潞城镇中心小学	567	1264
通州区潞河中学附属学校	685	318
通州区马头小学	529	244
通州区民族小学	301	552
通州区南关小学	678	880
通州区乔庄小学	733	581
通州区上店小学	473	173
通州区师姑庄小学	231	138
通州区私立博羽小学	252	574
通州区私立树人学校	306	670
通州区宋庄镇中心小学	1314	1465
通州区西马庄小学	389	246
通州区新未来实验学校	668	347
通州区兴顺实验小学	968	615
通州区永顺小学	509	607
通州区永顺镇中心小学	758	1869
通州区玉桥小学	320	662

续表

小学名称	现状	根据 ML 模型结果预测
通州区运河小学	837	1020
通州区张家湾镇中心小学	1073	1378
通州区张湾村民族小学	384	333
通州区张湾镇民族小学	272	102
通州区张辛庄小学	217	142
通州区中山街小学	1226	1002
育才学校通州分校	2285	2054
合计	39092	40796

根据预测，建议重点发展新城北部的通州区兴顺实验小学、范庄小学、通州华仁学校、私立树人学校等多所学校，以及南部的通州区张湾村民族小学。一些边缘小学就学生源预期较小，但考虑新城边缘和外部生源涌入的就学需求不予撤销。北京第二实验小学通州分校等预期学生人数会比现状增长，需做好资源扩充准备；梨园镇中心小学等学校生源呈下降趋势，应做好富余资源的调整安排。北京第二实验小学通州分校、北京小学通州分校、史家小学通州分校等 18 所小学将超过 1000 人，是未来需要规划关注的超大规模校（图 5-5）。

图 5-5　通州新城小学就学需求预测分布

5.4.4 预测结果验证

作为对模型核心部分预测结果的验证，研究收集了 2018 年通州区各小学的在校学生数据与模型预测结果进行对比（表 5-11）。

通州新城小学就学需求现状与预测结果比对   表 5-11

小学名称	现状	根据 Mixed Logit 模型结果预测	2018 年在校学生数	差值
北京第二实验小学通州分校	808	1298	1440	-142
北京通州华仁学校	67	112	150	-38
北京小学通州分校	1330	1696	1800	-104
史家小学通州分校	2525	2345	2661	-316
通州区北苑小学	425	977	1080	-103
通州区大稿新村小学	1693	849	859	-10
通州区第一实验小学	949	1277	1705	-428
通州区东方小学	2152	2214	2161	53
通州区发电厂小学	331	301	295	6
通州区范庄小学	384	955	720	235
通州区芙蓉小学	297	1496	1705	-209
通州区贡院小学	1126	1530	1620	-90
通州区古城小学	1609	646	823	-177
通州区官园小学	1062	956	1100	-144
通州区后南仓小学	1434	621	1440	-819
通州区后屯小学	118	165	148	17
通州区胡各庄小学	494	241	281	-40
通州区焦王庄小学	601	412	436	-24
通州区教师研修中心实验学校	1052	1277	1620	-343
通州区梨园学校	633	1063	1700	-637
通州区梨园镇中心小学	2186	1344	1620	-276
通州区临河里小学	870	1218	1157	61
通州区龙旺庄小学	971	567	604	-37
通州区潞城镇中心小学	567	1264	1893	-629

续表

小学名称	现状	根据 Mixed Logit 模型结果预测	2018 年在校学生数	差值
通州区潞河中学附属学校	685	318	1500	−1182
通州区马头小学	529	244	265	−21
通州区民族小学	301	552	495	57
通州区南关小学	678	880	945	−65
通州区乔庄小学	733	581	603	−22
通州区上店小学	473	173	201	−28
通州区师姑庄小学	231	138	161	−23
通州区私立博羽小学	252	574	502	72
通州区私立树人学校	306	670	750	−80
通州区宋庄镇中心小学	1314	1465	1278	187
通州区西马庄小学	389	246	283	−37
通州区新未来实验学校	668	347	402	−55
通州区兴顺实验小学	968	615	712	−97
通州区永顺小学	509	607	500	107
通州区永顺镇中心小学	758	1869	3700	−1831
通州区玉桥小学	320	662	810	−148
通州区运河小学	837	1020	2386	−1366
通州区张家湾镇中心小学	1073	1378	1620	−242
通州区张湾村民族小学	384	333	240	93
通州区张湾镇民族小学	272	102	185	−83
通州区张辛庄小学	217	142	145	−3
通州区中山街小学	1226	1002	1300	−298
育才学校通州分校	2285	2054	3000	−946
合计	39092	40796	51001	

比对结果分析显示，除了永顺镇中心小学和运河小学之外，ML 模型预测的就学规模与实际招生规模误差范围在 1000 之内，62% 的小学 2018 年在校学生规模与预测值相差幅度小于 15%。上述两所小学招生规模急剧扩张主要是由于周边适龄儿童急剧增加，出现了超常现象。受限于数据条件，ML 模型没有在各居民点人口增长的基

础上计算，也是出现较大误差的原因。但总体而言，83% 的小学 2018 年在校学生规模增减趋势与模型预测结果一致。这说明 ML 模型对就学规模的预测具有一定的可信度，可以在一定程度上指导学校未来整体硬软件条件的扩建或收缩。如积累多年招生数据，可以对该模型进行更精确的检验。

5.5 综合布局优化模型

5.5.1 问题定义

第一步，利用一般的总就学距离最小模型进行生源优化配置，此目标是优化现状的就学出行成本冗余情况。

第二步，考虑限制容量、最大就学距离限制的服务最大覆盖范围学生配置。设定最大就学距离限制，即每个学生到学校的距离小于设定阈值，可以最大程度地将学校服务覆盖到不同居住区，增加生源混合的可能性，打破一定的社会空间分异格局。

最大就学距离阈值（加权时间 1h 之内）根据如下可达性标准设定：国际上对学生上学距离一般要求 5km 以内（步行约 1h）（van Goeverden，2013）。而维持通州新城学校数量不变，如设定最大距离不超过步行 1h，模型经测算无解，即无法实现所有学生在步行 1h 内入学。而根据现状调查结果，绝大部分中小学生就学时间在30min 以内，最大就学时间不超过 1h（表 5-12、表 5-13）。这里参考彭永明等（2013 年）采用的方法，逐步增加最大就学时间限制阈值进行求解，即按自行车 0.5h、1h、加权0.5h、1h、机动车 0.5h、1h 等逐步推算，发现模型当参数值增加到加权 1h 时才有解。故设定加权就学时间不超过 1h 作为最大就学时间阈值。

调查样本上下学交通总体特征

表 5-12

项目		小学（N=715）		初中（N=71）	
		频数	百分比	频数	百分比
上下学交通方式	步行	314	43.9%	9	12.7%
	自行车、电动摩托车	190	26.6%	21	29.6%
	公交	48	6.7%	27	38.0%
	私家车	161	22.5%	14	19.7%
	校车	0	0.0%	0	0.0%

续表

项目		小学（N=715）		初中（N=71）	
		频数	百分比	频数	百分比
上下学单程时间（min）	≤ 10	319	44.6%	14	19.7%
	10~15	310	43.4%	25	35.2%
	15~30	79	11.0%	31	43.7%
	30~60	2	0.3%	0	0.0%
	≥ 60	1	0.1%	1	1.4%
上学远的解决方式	寄宿	66	9.2%	21	29.6%
	校车	350	49.0%	24	33.8%
	家人	230	32.2%	15	21.1%
	自己上下学	24	3.4%	9	12.7%
	其他	11	1.5%	0	0.0%
是否愿意为校车付费	是	569	79.6%	54	76.1%
	否	97	13.6%	16	22.5%

样本学校就学时间　　　　　表 5-13

学校名称	就学时间众数（min）	众数比例	平均就学时间（min）	最长就学时间（min）	最短就学时间（min）	就学时间标准差（min）
通州区梨园镇中心小学	5	58.9%	9.1	17.5	5	4.6
通州区第一实验小学	12.5	54.0%	11.2	45	5	5.2
通州区大稿新村小学	5	56.8%	8.7	17.5	5	4.6
通州区梨园学校	12.5	55.0%	10.2	17.5	5	4.2
育才学校通州分校	5	45.8%	9.9	60	5	5.6
通州区潞河中学附属学校	5	49.2%	9.7	45	5	6.5

　　在符合适龄学生就近入学原则和现状学位有限的条件下，将学校周围的适龄学生派往相应的学校，以得到现状学区学位最大化利用的派位方案。在学校容量限制、加权就学时间 1h 之内两个约束条下达到入学服务覆盖最大的目标，通过线性规划算法对模型进行求解得出优化派位情况。表达式如下：

$$\text{Coverage:} \max \left(\sum_{i=1}^{m} \sum_{j=1}^{n} x_{ij}\, p_{ij} \right)$$

$$d_{ij} \leq 60\text{min}, \forall i, j$$

$$\sum_{j=1}^{n} x_{ij}\, p_{ij} \leq c_i, \forall i$$

$$\sum_{i=1}^{m} x_{ij} \leq 1, \forall j$$

目标函数：学校服务周边居民区的学生总数最多；

约束条件：每个居民区学生上学距离不超过1h。

目标函数：分配结果不超出每所学校现状学位数；

约束条件：所有居民点学生全部分配。

各变量含义：i表示小学（$i=1, 2, \cdots, m$）；j表示居民区（$j=1, 2, \cdots, n$）；c_i表示学校提供的学位数；p_{ij}表示居民区的适龄入学儿童数；d_{ij}表示学校i到居民区j之间的距离；x_{ij}为决策变量，若$x_{ij}=1$，表示居民区j的学生能够派往学校i，若$x_{ij}=0$，表示居民区j的学生不能够派往学校i。

5.5.2 模型计算结果

1. 总就学距离最小的生源分配结果

分析入学距离最短的派位模型运算结果（表5-14、图5-6），最优方案的总就学时间为3701min，是理想的就近入学情景，可以引导不同学校进行招生规划，但此方法忽略学校的容量限制，且服务对象数量不均，易形成不同居住密集地区学校冷热不均的状况。

总就学距离最小的生源分配结果　　　　　　　表5-14

学校名称	学校容量	匹配居住地块数量	匹配学龄人口数量	加权时间之和（min）
通州区北苑小学	65	20	1325	146.5
通州区私立树人学校	58	3	191	17.4
通州区教师研修中心实验学校	303	10	848	56.5
通州区南关小学	365	13	667	53.3
通州区中山街小学	1102	5	350	32.6
通州区后南仓小学	1412	11	936	53.0
通州区东方小学	1607	7	647	28.5
通州区运河小学	1538	37	2710	278.3

续表

学校名称	学校容量	匹配居住地块数量	匹配学龄人口数量	加权时间之和（min）
通州区官园小学	1109	4	278	15.4
通州区贡院小学	333	6	300	18.3
通州区玉桥小学	859	16	1203	82.2
通州区民族小学	109	5	351	23.8
通州区永顺小学	180	28	1389	215.0
通州区第一实验小学	1693	21	2210	162.0
通州区潞河中学附属学校	685	1	725	0.1
育才学校通州分校	2285	5	641	28.8
史家小学通州分校	2593	10	1199	80.0
通州区私立博羽小学	252	13	1314	80.1
通州区永顺镇中心小学	217	8	1319	66.8
通州区西马庄小学	138	9	1149	121.5
通州区乔庄小学	107	6	664	23.3
通州区发电厂小学	110	2	37	6.3
通州区龙旺庄小学	152	15	1434	108.6
通州区焦王庄小学	220	14	1114	133.0
通州区范庄小学	71	13	1441	201.7
通州区梨园镇中心小学	837	2	200	2.2
通州区大稿新村小学	144	19	1774	117.7
通州区临河里小学	255	7	1200	28.2
通州区梨园学校	633	42	3365	475.9
通州区宋庄镇中心小学	733	1	40	6.3
通州区师姑庄小学	213	6	65	57.4
北京通州华仁学校	85	7	676	43.8
通州区张家湾镇中心小学	436	6	207	74.6
通州区张湾村民族小学	155	7	1671	56.0
通州区张湾镇民族小学	101	5	254	67.9
通州区上店小学	88	11	345	123.4
通州区张辛庄小学	64	4	71	38.2
通州区马头小学	60	1	8	8.3
通州区潞城镇中心小学	230	5	96	58.2
北京第二实验小学通州分校	154	6	1141	20.8

学校名称	学校容量	匹配居住地块数量	匹配学龄人口数量	加权时间之和（min）
北京小学通州分校	134	12	1464	87.2
通州区后屯小学	60	6	59	54.7
通州区古城小学	33	9	389	85.5
通州区芙蓉小学	83	8	919	46.8
通州区新未来实验学校	668	5	72	64.8
通州区兴顺实验小学	968	2	295	12.1
通州区胡各庄小学	494	11	227	137.8
总计	24191	464	38980	3701

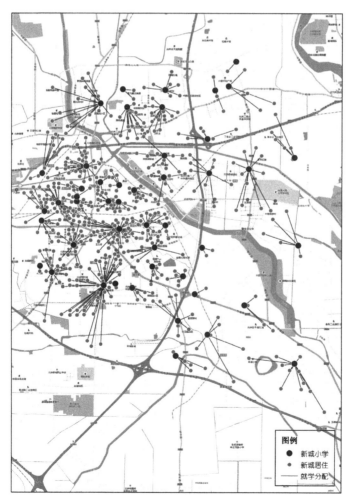

图 5-6　总就学距离最小的生源分配结果

2. 容量限制、最大距离限制的服务覆盖最大结果

以学校容量限制、最大就学距离限制加权时间 1h 为约束条件，确定服务覆盖最大的优化方案，同时计算设施容量和需求点的权重，对应学生总数和学龄人口。但此结果有一些居住点无法匹配学校。尽管就学总距离成本上升到 5461.4min（表 5–15），各校就学规模分布更加均匀（图 5–7）。根据该最优派位的方案可以方便相关教育部门对学校生源分配作出合理规划。

容量限制、最大距离限制的服务覆盖最大的生源分配结果　　表 5–15

学校名称	学校容量	匹配居住地块数量	匹配学龄人口数量	加权时间之和（min）
通州区北苑小学	65	2	65	43.3
通州区私立树人学校	58	2	53	37.0
通州区教师研修中心实验学校	303	6	303	86.0
通州区南关小学	365	10	365	87.6
通州区中山街小学	1102	21	1102	282.5
通州区后南仓小学	1412	20	1412	173.7
通州区东方小学	1607	18	1607	310.0
通州区运河小学	1538	22	1538	129.1
通州区官园小学	1109	14	1109	222.9
通州区贡院小学	333	7	333	107.5
通州区玉桥小学	859	11	859	75.6
通州区民族小学	109	3	109	31.6
通州区永顺小学	180	4	180	49.4
通州区第一实验小学	1693	18	1693	136.1
通州区潞河中学附属学校	685	7	685	84.2
育才学校通州分校	2285	18	2285	269.3
史家小学通州分校	2593	20	2593	229.6
通州区私立博羽小学	252	3	252	65.6
通州区永顺镇中心小学	217	4	217	51.0
通州区西马庄小学	138	3	135	82.7
通州区乔庄小学	107	2	107	109.2

续表

学校名称	学校容量	匹配居住地块数量	匹配学龄人口数量	加权时间之和（min）
通州区发电厂小学	110	5	110	116.0
通州区龙旺庄小学	152	2	150	79.0
通州区焦王庄小学	220	5	220	88.1
通州区范庄小学	71	4	71	73.3
通州区梨园镇中心小学	837	9	837	94.8
通州区大稿新村小学	144	5	144	132.6
通州区临河里小学	255	4	255	59.4
通州区梨园学校	633	10	633	51.4
通州区宋庄镇中心小学	733	5	731	194.6
通州区师姑庄小学	213	7	201	113.6
北京通州华仁学校	85	4	84	29.6
通州区张家湾镇中心小学	436	9	434	180.5
通州区张湾村民族小学	155	3	155	117.3
通州区张湾镇民族小学	101	3	99	62.3
通州区上店小学	88	6	88	59.6
通州区张辛庄小学	64	4	64	111.2
通州区马头小学	60	3	60	97.4
通州区潞城镇中心小学	230	6	221	114.1
北京第二实验小学通州分校	154	3	154	85.8
北京小学通州分校	134	4	134	68.9
通州区后屯小学	60	6	60	68.7
通州区古城小学	33	3	31	31.4
通州区芙蓉小学	83	2	81	20.2
通州区新未来实验学校	668	13	668	314.5
通州区兴顺实验小学	968	6	968	112.5
通州区胡各庄小学	494	16	494	320.5
总计	24191	362	24149	5461.4

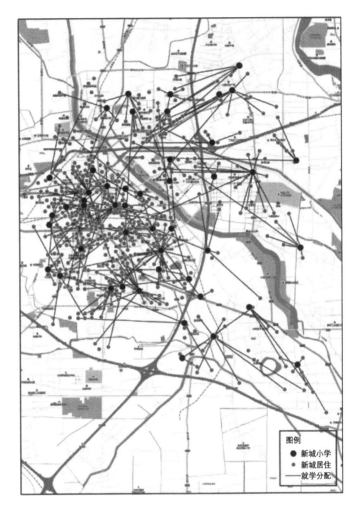

图 5-7　容量限制、最大距离限制的服务覆盖最大的生源分配结果

5.5.3 布局调整政策建议

1. 学校引导建议

从通州新城小学就学格局来看，学校服务整体空间覆盖度良好，但校际冷热不均情况严重。就学需求集中于新城中心少量优质学校，如北京小学通州分校、史家小学通州分校、北京第二实验小学通州分校、育才学校通州分校等。外围镇村办校需求偏冷，但与此同时这些地方又面临大规模开发的居住压力，资源供需不匹配矛盾明显，亟需提升办学质量。六环内外就学机会分布差异明显：少数拥挤学校优势明显，而名校分校选址往往与新建高档商品住宅区相联系，与一般住宅区有所区隔。这也说明在新城

地区将房价与择校概率相联系，推断就学机会分布具有合理性。

总就学距离最小的优化方案未考虑学校容量限制，形成现状热门学校资源浪费和冷门学校过于拥挤的情况，虽然是就近入学的理想情景但与就学需求预测结果相比不宜实现。在此基础上，考虑学校容量限制，并将最小就学距离限制在 1h 加权时间成本之内，以学校服务覆盖社区最大为优化目标，形成优化方案。此方案总就学距离上升但与就学需求预测相比更符合实际。因此，可根据此优化的权衡方案对学校未来招生数量和范围进行规划引导。

2. 生源派位建议

在边缘地区快速城镇化过程中，基础教育设施配套速度显然不及居住大规模郊区化的趋势。优质基础教育资源的疏解倾向于点状和局部决策，缺乏整体的新城公共服务布局思路，强化了学校质量与家庭收入、房价等因素的联系，也形成了学校布局不合理、出行成本冗余以及学生之间的社会空间分异。

以学校服务覆盖最大，即更多的生源混合可能性为原则，对生源分配优化方案进行考虑。在 1h 综合出行成本限制下，建议适度打破以住房捆绑教育形成的完全就近入学格局，允许一定程度的择校。此时出行总成本的增加仍在可接受范围内，教育资源得到最大化利用，学校服务覆盖的混合度更好。但需要说明的是，此时一些居住区需求未得到有效分配，还需要与其他优化方案比对，进一步确定。不同派位优化模型能够很好地实现学位自动优化派位，为相关教育部门调整学区和引导适龄学生择校提供决策依据。

第 6 章

中小学布局优化规划实例

在面对实际城市问题时，中小学的布局优化需要有不同的针对性策略。这要求针对教育设施的规划工作应当结合当地实际，因地制宜。同时，需要切实考虑当地的现状问题并且保证规划手段达成目标的可行性。本章以国内两个规划实例：天津市西青区的教育设施专项规划及江苏省邳州市教育设施专项规划为主要内容，展示 DEA 及 ML 模型在中小学布局优化中的规划实际操作成果。

6.1 天津市西青区现状基本情况

6.1.1 基本情况

天津市西青区是天津市的四个环城区之一，位于天津市中心城区西南部，自然地势西高东低，南北长 48km，东西宽 11km，总用地面积 571km²，下辖 9 个街道，常住人口 105.2 万人，地区生产总值 612.21 亿元。

6.1.2 天津市西青区城镇化特征

1. 人口持续高速增长

随着西青区城市建设的快速发展，人口规模也急剧增加。一方面，西青区产业的快速发展，吸引了大量外来常住人口；另一方面，西青区作为天津市中心城区的近郊区，越来越多的市民选择向其迁移居住，其承担着天津市中心城区的人口转移，已经成为天津市人口增长的主要地区。

在这样的人口增长趋势下，外来常住人口子女的就学需求也逐渐增多，占学生数的比例逐年增加。

2. 用地规模扩张迅速

随着人口的快速增长和产业的迅速发展，西青区城市用地规模快速扩张，房地产市场的发展也十分迅猛，出现大量新建小区建成并入住。

在居住区的配套设施层面，教育设施的配套存在一定的滞后。除用地层面的问题之外，教育设施需要配比相当水准的师资力量和管理人才，但这方面资源的配套无法一蹴而就。所以，如同很多城镇化快速发展的地区，目前西青区教育设施的建设与居住区的建设发展存在不同步的现象，现有教育设施无法满足居民的实际使用需求。

3. 教育设施空间分布不均，教育资源配置差异化明显

目前，西青区的教育设施主要集中在西青新城的中心建成地带，且现有建成区用地比较紧张，学校规模相对较小，部分学校处于超负荷运行状态。同时，各个学校之间教育资源的差异化配置也使得部分学校人满为患，部分学校学位过剩。

西青区目前中学主要由区政府投资建设，小学主要由镇政府出资建设，引进市区重点学校分校、国际学校较少。西青区距离天津市中心城区较近，受中心城区优质的教育资源辐射，大量优秀生源去中心城相对较好的学校就学。一方面，这增加了就学家庭的经济成本。另一方面，这也加剧了中心城区与西青区的交通压力。同时，这也造成西青区内部学校生源质量的下降。

4. 上位规划信息缺失

《天津市西青区总体规划（2008—2020年）》因编制和审批的时间较久，同时天津市及西青区近年来的发展速度较快，规划已经不能有效指导西青区未来的发展建设。其人口和用地指标需要重新校核和调整，而新版的西青区总体规划正在修编过程中，尚未确定规划的人口数。因此，在西青区教育设施的规划实践中，需要重新进行预测性的论证。

6.1.3 天津市西青区现状学校特征

根据天津市2012年教育事业统计、2012年学前教育信息采集、2013年学年统计代码库等相关数据显示，西青区全区共有小学31所，九年一贯制学校1所，初中3所，完全中学7所，普通高中1所。

其中，西青区下属街镇现有教育资源分布如下：杨柳青镇有小学6所，中学4所，中北镇有小学2所，中学1所；精武镇有小学3所，中学2所；辛口镇有小学5所，中学1所；大寺镇有小学6所，中学1所；王稳庄镇有小学4所，中学1所；张家窝镇有小学2所，中学1所；李七庄街有小学2所，中学1所；西营门街有小学1所。

根据2012年教育统计显示，西青区小学生共25868名，初中生10426名，高中生5396名。

在政策与投资方面，西青区全面实施"科教兴区"和"人才强区"战略，调整布局，夯实基础，大力推进素质教育，提升教育内涵，全面培养与未来社会发展相适应的新一代人才。截至2012年年底，西青区在学校改造方面投资5.92亿元，新

建和扩建、改建中小学（包括幼儿园）共计 14 所。全区中小学图书拥有量增加到 99 万册。

6.2 天津市西青区人口需求情况

6.2.1 现状人口情况与人口发展预测

根据西青区公安局 2013 年 8 月提供的数据分析，该区现有常住人口数为 105.2 万人，其中户籍人口 37.1 万人，外来常住人口（半年以上暂住人口）为 68.1 万人。近年来，西青区经济和社会取得了全面迅速的发展，2012 年全区实现地区生产总值 612.21 亿元，同比增长 22.3%，连续多年增速超过 20%。随着经济的迅速发展，人居环境和创业环境改善对外地人口产生持续强烈的吸引，各阶段学龄人口预测持续提升。按照《天津市城市总体规划（2005—2020 年）》的要求，同时根据西青经济发展目标，并充分考虑资源与环境条件等制约因素，通过采用综合增长率法、经济相关法、劳动力需求法等多种方法对人口规模进行预测，最终确定西青区的人口规模为 187.6 万人。

1. 综合增长率法

近年来随着人口不断向郊区迁移，近郊区已经成为天津市人口增长的主要地区，同时也成为天津城市化、工业化进程最快的地区，房地产业和制造业也快速发展，大量新增人口集中于该区域。西青区位于天津市中心城区的西南侧，是天津市中心城区主要职能拓展的重要地区，尤其是大寺、中北等地区的房地产的开发，带动了人口的快速增长，2008—2011 年西青区人口年增长率在 5.2%~8.3% 之间。上海近郊区也是人口增加最快的区域，年均增长率达到 6.45%，尤其以宝山、闵行、浦东三区为甚。从区位上看，近郊区都属于同市区联系最为迅捷的轨道交通到达的区域，拥有重点发展的城镇，中心城区的改造加上房地产产业的快速发展，刺激了该区域人口的迅速增长。预测今后一段时期内（到 2020 年），西青区的人口增长率将达到 6.0%，则 2020 年西青区的常住人口将达到 167.7 万人。

2. 经济相关法

根据经济发展规律和对天津以及西青城市发展的初步判断，西青区在较长一段时间内还能够保持快速的经济增长，近年来西青区的地区生产总值年增长率在

22.3%~28.8% 之间，未来受到国际经济形势复苏较慢以及国内经济结构调整的影响，增长率会适度回调，预计在 15%~20% 之间，预测到 2020 年西青区的地区生产总值将达到 2000 亿元。另外，根据以往对西青区地区生产总值和常住人口的分析，可以得到以下公式：

$Y=0.0795X+36.808$（X 为地区生产总值，Y 为当年的常住人口总数）

将 2020 年的 GDP 代入上述公式，可预测得出，到 2020 年，与西青区 2000 亿元地区生产总值相对应的人口规模为 195 万人。

3. 劳动力需求法

根据西青区 2020 年的发展目标，2020 年西青区的地区生产总值将达到 2000 亿元，三次产业结构为 2 ：49 ： 49。比较目前天津市的发展概况，参照国内外相关城市在此发展阶段三次产业的劳动生产率，确定西青区 2020 年三次产业的劳动生产率如下：一产 8 万元 / 人、二产 24 万元 / 人、三产 20 万元 / 人（2006 年天津市的劳均生产率为：一产 1.5 万元 / 人、二产 10.1 万元 / 人、三产 7.1 万元 / 人）。通过计算，2020 年西青区在实现 2000 亿元的地区生产总值目标下，需要就业人口约为 94.8 万人，其中一产 5.0 万人、二产 40.8 万人、三产 49 万人。若就业率按照 50% 计算，则西青区的总人口规模为 189.6 万人。

通过以上综合增长率法、经济相关法、劳动力需求法等多种方法的预测，确定 2020 年西青区的人口规模可达到 160 万 ~190 万人。根据分析论证，在多方法预测的基础上，并与《天津市城市总体规划（2008—2020 年）》《西青区一控规两导则（2008—2020 年）》相较合，最终确定 2020 年西青区常住人口规模为 187.6 万人。

根据前文人口预测，以及《西青区一控规两导则（2008—2020 年）》，确定 2020 年西青区环外地区常住人口为 153.7 万人，西青区环内地区位于西青区教育局管辖范围内的常住人口为 20.6 万人。

6.2.2 基础教育各阶段学龄人口预测

合理预测基础教育各阶段学龄学生人数，是中小学布局规划的关键因素，根据居住用地的面积预测出人口数量，并根据千人指标预测出我区未来人口变化趋势。千人指标是公共服务设施配建时的一项重要参考标准，根据《天津市居住区公共服务设施配置标准》（2008-9-01 实施）中的规定，居住区教育类千人座位数：小学每千人 50 座，初中每千人 23 座，高中每千人 21 座。

依据前文人口预测，至 2020 年西青区规划人口为 187.6 万人，其中环外地区常住人口为 153.7 万人，西青区环内地区位于西青区教育局管辖范围内的常住人口为 20.6 万人。根据规划千人指标核算，至 2020 年西青区全区小学学生数为 93800 人，初中学生数为 43148 人，高中学生数为 39396 人。其中，环外地区小学学生数为 76850 人，初中学生数为 35351 人，高中学生数为 32277 人；环内地区管辖范围内小学学生数为 10300 人，初中学生数为 4738 人，高中学生数为 4326 人。

6.3 天津市西青区中小学布局优化规划

6.3.1 模型应用与中小学布局优化规划

1. 模型应用

在天津市西青区的规划实践操作中，对西青区新城区整体中小学布局优化提出了规划方案。

这里应用了 DEA 模型对现状学校的投入产出效率进行分析评价（详细计算过程同上，省略），找到 16 个投入产出效率较低的学校，需要作出改扩建方面的调整。

基于千人指标测算的学生人口规模，应用附录 B 开发的布局优化软件对生源需求进行各地块分配，得出新建学校规模及选址区位。

2. 总体布局结构

本次规划共规划小学 77 所，总用地面积 133.18hm²，总班数 2205 个，总学位数 8896 个。其中，新建 52 所，改扩建 16 所，保留 9 所。环外地区共规划小学 66 所，总用地面积 116.1hm²，总班数 1923 个，总学位数 7768 个。其中，新建 43 所，改扩建 15 所，保留 8 所。环内地区位于西青区教育局管辖范围内共规划小学 11 所，总用地面积 17.08hm²，总班数 282 个，总学位数 11280 个。其中，新建 9 所，保留 1 所，改扩建 1 所。

本次规划共规划中学 33 所，总用地面积 135.97hm²，总班数 1505 个，总学位数 75250 个。其中，新建普通初中 2 所，新建普通高中 1 所，新建九年一贯制学校 1 所，新建完全中学 17 所，改扩建普通初中 3 所，改扩建普通高中 1 所，改扩建九年一贯制学校 1 所，改扩建完全中学 6 所，保留完全中学 1 所。环外地区共规划中学 29 所，总用地面积 120.77hm²，总班数 1364 个，总学位数 68200 个。其中，新建普通初中 2 所，新建普通高中 1 所，新建九年一贯制学校 1 所，新建完全中学 13 所，改扩建普通初中 3 所，改扩建普通高中 1 所，改扩建九年一贯制学校 1 所，改扩建完全中学 6 所，保留完全中学 1 所。环内地区位于西青区教育局管辖范围内共规划中学 4 所，总用地面积 15.2hm^2，总班数 141 个，总学位数 7050 个，均为新建完全中学。

6.3.2 实施保障措施

在实际规划层面，除规划工具的运用之外，还需要考虑规划方案与地方的适应性与可操作性。规划方案的落实需要一定的实施保障措施。

1. 加强政府财政投入和宏观调控力度

政府要加大教育财政投入，贯彻落实经费保障机制改革政策，努力改善学校办学条件。依法保证经费"三个增长"，进一步调整支出结构，加大教育设施布局调整的支持力度。积极吸纳社会资金，建立科学高效的监督管理机制，保证教育设施的发展建设，充分发挥现有闲置校舍复垦置换土地，积极争取项目资金，精心实施好中小学布局调整工程，促进教育布局结构更趋合理。实现基础教育的公平、均衡发展。

2. 健全政府主导、市场调剂的教育设施发展机制

充分发挥政府在保证教育事业公平、公正发展中的作用，尤其是义务教育设施的发展建设要发挥政府的主导作用。同时，应积极借助市场的力量加快教育设施的建设，鼓励开发商代建各类教育设施，并对其建设时序、建设标准和质量进行合理引导和监管。

3. 强化基础教育设施配套建设的监管力度

建立健全规划、建设、教育部门联合监管基础教育设施配套建设的机制。对于新建、改造的居住区要按照规模配建相应的教育设施。对于达不到配建规模的社区，在规划建设时要落实与周边社区合建、合用教育设施的具体位置与规模。不能满足要求的项目不得审批或验收。

4. 建立教育设施规范化建设力度

强化教育设施的规范化建设，建立统一的学校配置标准及达标计划，均衡财政投入及师资配置，并制定行之有效的验收程序，不能达标的学校要限期责令整改。对整

改仍不达标的单位可执行一定的行政处罚。建立城市专门的部门或机构对教育设施进行有效的监管，严禁随意将教育设施转作他用。

6.4 邳州市现状基本情况

6.4.1 基本情况

邳州市隶属于江苏省徐州市，位于江苏省北部，苏鲁交界处，东接新沂市，西连徐州市铜山区、贾汪区，南界睢宁县，北邻山东省兰陵县。自然地势西北高、东南低，南北长 61km，东西宽 52km，总面积为 2088km²。常住人口 144.29 万人，地区生产总值 917.65 亿元。

6.4.2 邳州市城镇化特征

1. 中心城区人口规模增多

随着 2013 年 8 月邳州市进行的区域规划调整，规划撤并 13 个镇，形成"1 个中心城区—10 个镇"的城乡体系结构，区划面积扩大后，中心城区将承载更多的城市人口。

近年来，在该区划调整影响下，进城人员大量增加，城区生源形成反弹，邳州市城区小学、初中教育资源十分紧张。

2. 教育设施配套滞后

邳州市现状以及近期规划中所采用的城乡体系与总规差距较大，目前的教育设施配套的参照体系还是以原有的城乡体系结构配套，而并非总规的"1 个中心城区—4 个中心镇—6 个一般镇"的城乡体系结构，不能有效引导建设实现远期目标，因此，面向实施的教育设施建设参照城乡体系需要实时更新。

3. 教育设施分布缺乏合理性，资源分布不均

目前，邳州市各项教育设施数量不足，尤其学前教育资源相当缺乏，大部分教育用地不符合教育现代化标准的规模要求。

同时，邳州市的教育资源主要集中在中心城区部分。由于进城人员的增加以及生

源反弹，城区中小学教育资源普遍存在班额超标、用地、校舍不足、教辅用房被挤占的现象。总体上，中心城区教育设施布局缺乏合理性，基础教育设施过度集中。

4. 上位规划标准不一

邳州市有多项上位规划，包括总规、控规以及各镇村布局规划，而其中的教育设施配置标准并不统一。总规标准较为宽泛且地方针对性较弱；控规及其他规划则没有完整的、与城乡结构体系相匹配的多维度等级化的配置标准体系，整体上缺少覆盖市域、对接远景的近期实施建设规划导引。

6.4.3 邳州市现状学校特征

根据邳州市关于城区义务教育阶段学校规划建设的建议，2013 年邳州市公办教育设施专项规划、2013 年邳州市农村义务教育学校布局专项规划统计，邳州市有义务教育学校 228 所，其中小学 182 所，初中 42 所，特教学校 1 所，九年一贯制学校 3 所。

其中，邳州市下属城镇现有教育资源分布如下，中心城区有小学 12 所，初中 6 所。中心镇：官湖镇有小学 28 所，初中 4 所，高中 1 所；碾庄镇有小学 27 所，初中 4 所；铁富镇有小学 26 所，初中 3 所，高中 1 所；土山镇有小学 21 所，初中 5 所，高中 1 所；宿羊山镇有小学 10 所，初中 2 所，高中 1 所。一般镇：车辐山镇有小学 15 所，初中 2 所；八义集镇有小学 14 所，初中 2 所，高中 1 所；岔河镇有小学 26 所，初中 3 所；邹庄镇有小学 18 所，初中 2 所；议堂镇有小学 17 所，初中 3 所。

2013 年统计数据显示，邳州市义务教育阶段在校学生 193564 人，其中小学在校学生 141799 人（市区 26680、镇区 49483、乡村 62248、教学点 3388），初中在校学生 51765 人（市区 14736、镇区 36749、乡村 280，其中寄宿生 20315 人）。

在政策与投资方面，江苏省中长期教育改革和发展规划纲要提出坚持教育优先发展、率先发展、加快发展、科学发展，教育现代化建设水平评估指标体系力求体现出有学上、上好学、学为上的要求和保障。

6.5 邳州人口需求情况

6.5.1 现状人口情况与人口发展预测

根据《邳州市城市总体规划（2012—2030 年）》预测，邳州市域常住人口近期

（2015 年）为 150 万人左右，中期（2020 年）为 155 万人左右，远期（2030 年）为 165 万人左右。预测邳州市中心城区人口规模为：2015 年 42 万人，2020 年 55 万人，2030 年 69 万人。

根据《邳州市城区控制性详细规划（2011—2030 年）》预测，2030 年邳州市城区人口为 69 万人：其中开发区 9.17 万人，新城区 16.75 万人，老城区 41.81 万人，高新区 1.30 万人；依据邳州市总的人口匡算，至规划期末时整个官湖镇域总人口为 11.12 万人。

但由于行政区划调整，目标年城乡各级人口规模需要重新测算校正。以中心城区为例：

总体规划中心城区人口计算的范围为：炮车镇整建制并入中心城区，官湖镇、戴圩镇位于白果路以南地区、陈楼镇位于 S250 以南地区均划入中心城区的行政辖区范围，邳城镇、陈楼镇位于 S250 以北地区、戴圩镇位于白果路以北地区、赵墩镇位于 S250 以东地区并入官湖镇。至 2030 年，中心城区预测人口为 69 万人。

而在行政区划调整后，设计规划年人口计算的范围应为：撤销炮车镇合并至中心城区，撤销戴圩镇合并至中心城区，并将陈楼镇的左东、左西 2 个村委会合并至中心城区。至 2030 年，中心城区的预测人口应为：总体规划中心城区人口计算出的 69 万人，加上戴圩镇白果路以北规划人口与左东、左西规划人口。

在区划调整后，2030 年规划城区总人口预测将增加 5.14 万人，合计 74.14 万人。官湖镇规划人口将减少 5.14 万人，合计为 8.86 万人。其他城镇人口维持总规预测数目不变。

6.5.2 基础教育各阶段学龄人口预测

合理预测基础教育各阶段学龄学生人数，是中小学布局规划的关键因素，根据邳州市总规及控规中给出的人口预测数量，并根据千人指标预测出中心城区及中心镇、一般镇的未来各阶段学龄人口。千人指标是公共服务设施配建时的一项重要参考标准，根据邳州市教育局《关于加强城区学校建设和施教区管理的若干意见》中的千人指标算法：每千人 70 名小学生，每千人 35 名初中生。

依据前文的人口预测，至 2030 年邳州市规划人口约为 165 万人，其中中心城区总人口预测为 74.14 万人，官湖镇规划人口为 8.86 万人。根据规划千人指标核算，至 2030 年邳州市全市小学学生数为 115500 人，初中学生数为 57750 人。其中，城区小学学生数为 46890 人，中学生数为 64900 人；官湖镇小学学生数为 6202 人，中学生数为 3101 人。

6.6 邳州市中小学布局优化规划

本次邳州市中小学布局优化规划依据现有规划基础，首先确定分级配置标准，根据设施规模数量核算，在现状教育设施规模、布局整理分析的基础上，开展设施空间用地布局。

6.6.1 中心城区和中心镇：官湖镇

1. 中小学设施配置标准

中心城区中新城及开发区采用较高标准，老城区及其他建设密集区采用较低标准。考虑控规标准更加契合邳州市城市现状，因此按照邳州市教育局《关于加强城区学校建设和施教区管理的若干意见》：根据实际建设现状及现实需求，建议新城、开发区及高新区采用标准一：千人指标算法（表6-1），老城区及其他建设密集区受制于紧张用地而采用较低标准。

中心城区千人指标预测标准（标准一：千人指标算法）　　表6-1

项目	幼儿园	小学	初中
千人指标（生/千人）	35	70	35
班容量（生）	30	45	50
规划用地指标（m²/生）	15.00	18.69	22.50

中心镇未来将承担大量城镇化人口，规划2030年平均人口规模将达到10万人/个，建议中心镇采用与新城相同标准。

2. 中小学布局优化规划

根据预测的人口规模，进行设施规模数量计算：至 2030 年中心城区需要小学 1042 班，用地 75.99hm²；中学 1298 班，用地 185.56hm²。

应用 DEA 模型对现状学校的投入产出效率进行分析评价，评估现状学校是否满足生均占地面积标准及班容标准等，再基于 Mixed Logit 模型的生源分配结果，分情况根据标准计算调整，进而规划学校的用地面积、设计学校的班数。

结果显示，中心城区原主城片区规划目标根据配置标准一，需要小学面积 126.90hm^2、1509 个班，初中面积 76.38hm^2、679 个班。中心城区的新增片区计算得出需要新增小学 1 所，共 36 班，占地约 3hm^2；需要对现状红旗中学进行适当扩建；戴圩镇中心小学需要根据生均用地标准进行调整。官湖中心镇需要新增小学 2 所，镇区小学共 156 班；官湖中心小学、陈楼镇中心小学、邳城镇中心小学需要根据生均用地标准进行调整；不需要新建中学。

中心城区共规划小学 39 所，共 1146 班。加上完全中学班级数共有小学 1380 班。官湖镇规划保留小学 3 所。镇区新建 2 所 24 班小学，其中扩建官湖镇西小学至 24 班。镇区共有小学 5 所，156 班（图 6-1）。

中心城区共规划九年一贯制学校 9 所，完全中学 11 所，初中 7 所，高中 4 所。其中，初中 808 班。官湖镇规划保留初中 3 所，共 77 班（图 6-2、图 6-3）。

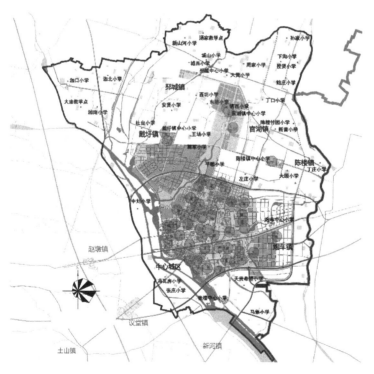

图 6-1　中心城区及官湖镇规划小学分布示意图

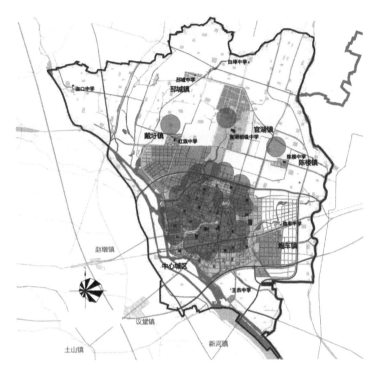

图 6-2　中心城区及官湖镇规划初中分布示意图

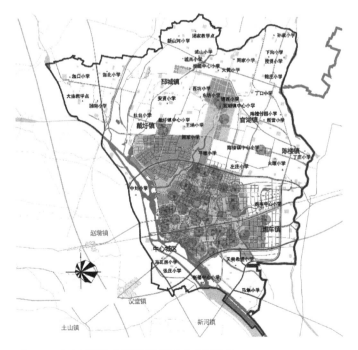

图 6-3　中心城区及官湖镇规划高中分布示意图

6.6.2 一般镇：以车辐山镇为例

1. 中小学设施配置标准

根据《徐州市学前教育管理条例》以及《教育现代化创建指标诠释》，确定一般镇的配置标准如下：镇区根据每 1 万人 1 所幼托的标准配置，每班班容为 30 生；每 1 万人布局 1 所完全小学，撤并乡镇镇区的小学应保留，小学最小规模为 12 班，每班班容为 45 生；每 3 万人配置 1 所中学，每个乡镇人口少于 3 万人亦设置 1 所初中，初中规模为 24 班，每班班容为 50 生；每 10 万人配置 1 所高中（表 6-2）。

一般镇的配置标准　表 6-2

规划用地指标（m²/ 生）			
项目	幼儿园	小学	初中
一般镇	不低于 15	不低于 18	不低于 23

2. 中小学布局优化规划

一般镇以车辐山镇为例，由于行政区划调整，燕子埠镇并入车辐山镇。全镇共有小学 15 所，初中 5 所，高中 1 所，其中镇区有 2 所小学，2 所初中。车辐山镇中心小学、车辐山中学的在校生人数、班数，燕子埠镇中心小学班数均不符合标准，需要分别根据极限班容标准及生均用地标准进行调整（表 6-3、表 6-4）。通过计算发现，车辐山镇需新增幼儿园 2 所，镇区共建设幼儿园 39 班；新增小学 1 所，镇区共建设小学 52 班；不需要新增中学，调整车辐山中学，使由原来的 25 班扩至 28 班。

车辐山镇的现状小学统计（2013 年）　表 6-3

学校名称	学校性质	位置	建校时间	占地面积（m²）	总建筑面积（m²）	在校生人数	班数	常住人口子女	流动人口子女	境外人口子女	教职工人数
车辐山镇中心小学	公办	车辐山镇车辐山村	1965 年	8126	4716	1737	25	11600	137	0	58
车辐山镇埠上小学	公办	车辐山镇埠上村	1950 年	15200	1500	721	15	785	0	0	32
车辐山镇友好小学	公办	车辐山镇友好村	1950 年	12600	2350	610	11	610	0	0	24
车辐山镇山南小学	公办	车辐山镇山南村	1955 年	19344	3800	844	18	844	0	0	27

续表

学校名称	学校性质	位置	建校时间	占地面积（m²）	总建筑面积（m²）	在校生人数	班数	常住人口子女	流动人口子女	境外人口子女	教职工人数
车辐山镇官厢小学	公办	车辐山镇官厢村	1978年	9983	3200	712	12	695	17	0	16
车辐山镇龙湖教学点	公办	车辐山镇龙湖村	1965年	7200	900	41	1	58	0	0	3
车辐山镇运西教学点	公办	车辐山镇运西村	1989年	3500	1200	78	2	78	0	0	3
车辐山镇刘楼教学点	公办	车辐山镇刘楼村	1980年	3350	1300	24	1	24	0	0	2

车辐山镇的现状初中统计（2013年）　　　　表6-4

学校名称	学校性质	位置	建校时间	占地面积（m²）	总建筑面积（m²）	在校生人数	班数	常住人口子女	流动人口子女	境外人口子女	教职工人数
车辐山中学	公办	车辐山镇车辐山村	1958年	31749	18000	1398	25	1398	0	0	104
燕子埠中学	公办	燕子埠镇新街道东	1970年	45000	10723	665	12	649	16	0	72

总体上，车辐山镇规划保留小学2所。根据现状用地条件调整车辐山镇中心小学班数至12班。新建小学1所，24班。镇区共有小学3所，52班。规划保留镇区中学2所，高中1所。

第 7 章
_____

国内外学校布局优化
案例评介

中小学布局调整需要多目标和多约束条件下的主客体信息互动反馈，其优化模型在不同背景下有不同的过程设计。以下介绍国外三个和国内五个模型设计和应用案例，对不同布局优化方法进行比较分析，总结提出城乡中小学布局优化方法选择原则。

7.1 国外学校布局优化案例研究

7.1.1 约翰斯顿郡学校与社区综合规划

Taylor 等（1999 年）所在的 OR/ED 实验室运用学校与社区综合规划方法，试图预测学校的入学人数，通过比较不同学校的入学人数与承载力，找到新校舍的最佳位置，并为所有学校设置距离最小化的边界，以避免过度拥挤并满足种族平衡的考量。实施此综合规划，促进了学区在发行债券问题、降低学生交通成本、消除学校就学距离边界频繁调整等方面的提升。

Taylor 等提出五步综合规划。

第一步：基于建筑水平对入学人数进行预测。研究者通过过去几年的学生生源数据，考察学校建筑设计承载力与学生人数之间的相关性，并构建模型对未来趋势进行预测。通过对北卡罗来纳州的十个乡村的实地分析与预测，验证了此模型的可行性。

第二步：超额可视化（映射）。以 OOC 图表（out-of-capacity spreadsheet）显示未来 7~10 年每座建筑的入学人数预测结果，并表现预测结果与建筑设计的学生承载力（容量）的关系。电子表格用色标表示，反映每个建筑容量充足和容量不足的年份。如果招生预测规模小于容量，则单元格标记为绿色；如果预测结果在两年内大于容量，则单元格标记为黄色；如果预测结果超过容量，则单元格标记为红色。学校的建筑设计容量仅反映其永久性结构，不包括移动单元。为了预测建筑的人口容量，研究者引用了北卡罗来纳州公共教育部门提供的公式，该公式假定每个年级有一个最大的班级规模，每个教室有一个最小的面积配置。学校系统通过与实验室分享其状态报告为本项目提供容量预测数据。

第三步：创建规划分区和人口统计报告。研究者通过学校系统的信息管理经理使用学校交通管理数据库中的信息，将整个学区划分为 50~100 个学生的规划分区。这些规划分区为相邻但不重叠的多边形，在全县地域范围内全域覆盖。研究者使用分区的目的包括：①分析当前的人口统计信息；②分析不断变化的人口统计信息；③为新学校选址；④建立就学边界。

北卡罗来纳州所有的学校系统都有一个交通信息管理系统（TIMS）。该系统可以提供将学生信息数据库中的每个学生住址与交通地图上的地理点匹配的工具。此外，TIMS 允许其操作员绘制多边形进行细分并查询分区内的学生人数。

运用这两个工具，操作员可以创建包含所需学生数量的多边形分区，保证全域覆盖且互不重叠。

创建分区之后，实验室据此生成一组显示不同年级的学生密度、种族分布或任何其他人口统计数据的地图，这些数据可以通过规划分区和学生信息数据库之间的交叉引用得到。

第四步：选择新校舍的最佳位置。在这一步，研究者使用非线性数学规划模型来选择新学校的最佳位置并确定其规模。

许多重要因素影响着新学校的最佳选址方案，包括现有学校的位置和容量、其有效剩余服务寿命、学区人口的预计变化、学生人数的增加或减少以及新学校的最大容量。由于这些因素的性质和重要性在各个学校系统中互不相同，有时需要对模型作一些小的修改。

最优方案可能会受到一些人为或方法上的影响。例如，可能受到规划分区的绘制方式、细分的粒度、计算距离的方法以及在某些情况下需要寻找局部最优而非全局最优的可能性的影响。本模型假设每个年级的所有学生都生活在他们所属的分区中心，且细分尺度在地理上越大，失真效果就越大。此外，为了避免对欧几里得测算和长途运输测算的高成本的系统性低估，通常采用直线测量距离。

研究者通过简单地比较一般地区的可用空间和其对应的预期需求来确定新学校的数量。决定预期需求的招生控制计划必须包含未来至少三年，因为一个学校系统规划、获批和建设需要至少三年时间。研究者还根据学校董事会的政策预先设定了新学校的规模。

在公立学校——要求种族平衡的情况下，IPSAC 模型中第四步和第五步的约束条件尤其重要。在美国，种族和区位高度相关。人们可以去任何一个美国城市，然后得到"非洲裔美国人居住区在哪里""西班牙籍美国人居住区在哪里""东方籍美国人居住区在哪里"的答案。美国的许多公立学校最初都是社区学校，因此学生的就学边界受到限制，这种现象加剧了种族和阶层隔离。1954 年，在布朗诉教育委员会案（ Brown v. the Board of Education ）中，最高法院裁定，无论学校设施是否平等，种族隔离本身都属于违法行为。许多地方的联邦法院命令通过巴士接送实现种族融合。此外，民权办公室通过与学区达成一致的法令，已经明确界定了与种族相关的影响学校招生人数的参数。

当涉及孩子的教育问题时，市民们的积极性往往很高。即使是那些很少投票或很少捐钱给政党或很少关注政治问题的人，也会参与学校重划分区的会议中，表达他们对新学校选址的反对，并动员人们反对校车接送[1]。因此，任何关注学生分配和新学校选址的方案都必须有能力应对这些现实问题。例如，北卡罗来纳州的 IPSAC 项目（威尔明顿市和新汉诺威县，1995—1996 年），导致了超过 100 篇来自民众的投报文章和写给报社编辑的关注信，好几次分区内的电视新闻报道，以及多次出席者多达 750 人的公众会议。

　　IPSAC 最大的优势之一是，它为学校董事会提供了一个决定新学校选址和设定入学界线的客观基础。例如，这些学校董事会可以满怀信心地说："鉴于我们的政策，在这个系统中，没有一所学校的少数族裔代表比例高于县平均水平的 15%，这些新学校位置和就学界线将对校车接送的总需求降到了最低。"

　　第五步：界定最佳就学界线。当 IPSAC 定位一所新学校时，同时也确定了它的界线。在为新学校确定最佳位置的过程中，优化程序会将规划分区分配给所有学校，包括新老学校。然而，对于学校系统来说，能够在优化程序建议的地方获得产权是不容易的。因此，通常需要单独测算来设置边界。在某些学校系统不需要新学校的情况下，确定边界是一个独立的过程。

　　由于这几个原因，学校的选址可能位于最优方案确定的位置附近，而不是正好在该最优位置上，因为该位置的产权可能不出售，或者太贵、正在使用、不够大（最低标准是在 10 英亩的基础上，每 100 名学生另外增加 1 英亩），可能土壤条件不合适，甚至可能在水下。约翰斯顿县在优化程序建议的最优选址地点购置了产权并修建了学校，但在其他县，研究者与工程师协商后绘制了具有可行性的界线，确定对应的最终选址位置。

　　研究者给出了学校选址和设定边界的模型。简言之，建模的困难包括以下几个方面：虽然将规划分区分配给学校是一个二元判定，但为适应一个真正的 0-1 模型，决策变量有很多。因为最优解几乎总是二元判定，且一个标准的 PC 平台和商业优化程序在一个松弛模型中可以处理超过 32000 个变量，所以最优方案总是从松弛模型中获得。

　　IPSAC 能够根据当前和未来几年的数据设定边界。虽然必须为每个考察年度单独进行优化测算，但是每个规划分区的年度预测结果都存储在一个矩阵中——因此只需在程序运行过程中更改列指示符。北卡罗来纳州的一些学校系统在 TIMS 内建了一个边界优化程序，但该程序只能根据当前的入学数据来划定界线。（当然，可以将当前数据放在一边，从预测模型中生成完整的数据集，然后运行边界划定程序）

　　有时个别部分或小部分组成一个不相连的就学孤立分区。这种情况发生的原因是，

---

[1]　美国的校车接送通常涉及种族融合政策，而遭到某些白人就学家庭的反对。（编者注）

程序无法满足各种约束条件，特别是在少数族裔集中的大城市中满足种族平衡这一约束条件。该情形不适用于约翰斯顿县。

约翰斯顿县以外的模型也应用了一些其他的约束条件。例如，在教堂山—卡尔伯勒市学校中，每个分区的平均住房成本是已知的，优化目标是利用住房成本变量来平衡学校内部的社会经济状况。在新汉诺威县，IPSAC 的一项衍生统计数据在多次优化程序中被强制引入作为约束函数：白人学生和非白人学生的校车运营成本保持均衡，这一数据通常只用于报告目的。在新汉诺威县案例中，社区更加担心的是，为了实现种族平衡而采用校车接送（按种族计算的学生平均里程数）花费的成本，非裔美国人比其他种族将会承担更多成本。

7.1.2 整型规划结合 GIS 的学区重划工具

Caro 等（2004 年）重点关注学区重新划分问题，即根据不同的标准将城市街区分配给学校。研究者对以前的方法进行了审查，并提出了较优学校分区规划的一些理想属性。通过对费城的两个实验，Caro 等分析了规划中的各项利益权衡，并讨论了其可行性问题。结果表明，通过客观分析和主观判断之间的相互作用，可以有效地解决诸如学区重新划分等难以准确定义的空间问题。

在研究规划模型之前，研究者首先根据以往研究及实地调研，确定了"良好"的学校分配应满足的七个理想属性：①每个区块就（每个年级而言）仅分配给一所学校。②学校的分配不得超过每个年级的容量，且需要相对于其他属性进行平衡。③每个学区必须是连续的，即此区域中的每个地块之间都是可以相互连通的。④学校边界不可以跨越诸如铁路、河流或交通繁忙的街道等地理障碍。⑤所有学生的总出行距离最小化，但学生的行程不应超过指定的最大距离。⑥所有学生都必须去同一所学校，除非该学校没有相应年级的教室。这个属性使重新划分计划更加合理，也降低了每个学生未来学校转学的机会。⑦新的分区模式必须与现有模式保持一定程度的相似性。当学校重新划分时间间隔较长时，该属性是相关的，因为每年创建全新的学区是不现实的，也是不切实际的。

研究者给出了一般化的重新划分模型。指数 i、k 和 n 分别代表区域、年级和学校。如果区域 i 的 k 年级学生被分配到学校 n，则二进制变量 X_{ikn} 等于 1，否则为 0。

S_{ik} 是区域 i 的 k 年级学生人数，D_{in} 是从 i 到学校 n 的距离，A_{kn} 是学校的第 k 年级容量，$N_{(i, n)}$ 是与区域 i 相邻的与学校 n 更接近的区域的集合，并且 $C(i)$ 是最接近于区域 i 的学校。B_n 是分配到学校的学生允许的最大步行距离。对于每个年级 k，

$R(k)$ 是表示当前学校分配的 (i,n) 组的集合，并且这些组的 $(1-P)$ % 必须保持原状。

$$\min z = \sum_i \sum_k \sum_n S_{ik} D_{in} x_{ikn} \qquad (7-1)$$

subject to:

$$\sum_n x_{ikn} = 1 \quad \forall i,k \qquad (7-2)$$

$$\sum_i S_{ik} x_{ikn} \leqslant A_{kn} \quad \forall n,k \qquad (7-3)$$

$$x_{ikn} \leqslant x_{i(k+1)n} \quad \forall i,k,n \quad \text{s.t.} \quad A_{(k+1)n} \neq 0 \qquad (7-4)$$

$$x_{ikn} \leqslant \sum_{j \in N(i,n)} x_{jkn} \quad \forall i,k,n \quad \text{s.t.} \quad N(i,n) \neq \phi \qquad (7-5)$$

$$x_{ikn} = 0 \quad \forall i,k,n \quad \text{s.t.} \quad N(i,n) \neq \phi \text{ 和 } n \neq C(i) \qquad (7-6)$$

$$D_{in} x_{ikn} \leqslant B_n \quad \forall i,k,n \qquad (7-7)$$

$$\sum_{(i,n) \in R(k)} x_{ikn} \geqslant (1-P) \cdot | R(k) | \quad \forall k \qquad (7-8)$$

$$x_{ikn} \in \{0,1\} \quad \forall i,k,n \qquad (7-9)$$

目标函数（7-1）表示总步行距离（或等效于平均步行距离）。约束条件（7-2）与完整性条件（7-9）共同保证每个区域的组都被分配给一个学校，从而消除"分裂"。约束（7-3）确保没有学校超过该年级的容量。如有必要，可以以相同的方式表示最小容量。约束（7-4）表示如果第 i 组的第 k 年级学生被分配到学校 n，那么该区域的 $(k+1)$ 年级学生必须被分配到同一所学校，除非学校 n 没有提供年级 $(k+1)$。最后，约束（7-5）和约束（7-6）连续处理。用递归的方式，约束（7-5）表示，对于每个年级，为了将区域 i 分配给学校 n，必须有一个区域的"路径"也被分配给连续区域 i 和学校 n 的同一所学校。另一方面，如果无法构建这样的连续路径，则约束（7-6）禁止将区域 i 分配给学校 n，除非 n 是最接近区域 i 的学校（即 $C(i)=n$）。

注意：约束（7-5）和（7-6）的有效性取决于如何计算集合 $N(i,n)$ 和参数 $C(z)$。这可以通过几种不同方式完成，得到的结果也有所差异。

由于目标函数反映平均步行距离，为了鼓励个体公平性，在约束条件中添加最大步行距离（7-7）。这一约束也有助于建立更紧凑的学区，因为在这种形式下，分区结果将被合并而不是分散。

在重划的情况下，如理想属性（7-7）所述，只有一定比例的区域应该重新分配。

这可以通过施加约束条件（7–8）来实现，其中规定，对于每个年级，至少有一定比例（1–*P*）的区块必须被分配给当前的学校。如果*P*=1，那么新区从零开始。相反，如果*P*=0，则可以添加额外的约束条件来保留实际的学校划分：

$$m_l \sum_i \sum_k S_{ik}x_{ikn} \leq \sum_i \sum_k T_{lik}x_{ikn} \leq M_l \sum \sum S_{ik}x_{ikn} \forall l,n \qquad （7–10）$$

其中，T_{lik} 是具有属性 *l*（例如，是女性）的区块 *i* 的年级 *k* 的学生数量。M_l 和 m_l 分别是具有属性 *l* 的学生的最大和最小期望比例。

模型的最优解（M_{SD}）加上与 GIS 界面的交互作用，给出了满足属性（7–1）~（7–7）的学区规划。求解模型（M_{SD}）可能很困难，在面对具体问题时，其呈现的难度不尽相同。

在实证研究方面，Caro 等人提供了在费城的两个实验，其中一个实验在套用模型时，数据较为简单，模型较为容易实现。但在另一个实验中，研究者面临的问题十分复杂，模型实现的难度超出了预期。

Caro 等的研究，从整体层面来讲，十分偏重对于学校物质空间分配规律的考察，其重点放在学校承载力、交通距离及可实施性层面，而不可避免地忽视了社会因素，如上学成本，社会需求，不同人群的适应力；缺乏对人主观意愿的考量，如学生意愿，教师意愿及社会认可度等。同时缺乏对于城市其他功能与学校功能之间的关系的思考。

7.1.3 英格兰自动分区模型及择校支持工具

Singleton 等（2011 年）以英格兰初中择校为背景，发展了基于学生家庭位置的核密度估计（kernel density estimates，KDE）、容量百分比等高线法（percent volume contours，PVCs）、动态自动模型技术定义生源区，并在此框架上开发了基于交通网络辅助家长选择初中的决策支持工具。

根据 1988 年的"教育改革法"，英格兰和威尔士的家庭可以自由地为孩子的中学教育确定一所首选学校。然而，父母选择将孩子送到优质学校的需求远远超过了他们可选择的学位供应，因此许多学校使用入学标准来进行筛选，而入学标准有利于那些住在学校附近的学生。学校通过这种地理选择过程，在空间上进行了自我分类。然而这种方法最终使得最佳学校的选择通常取决于父母的居住地，这种模式显得单一且模糊，也未能发挥家长的自主选择权，与"教育改革法"的初衷相背离。在阐述了这个问题后，Singleton 等人开发了一种可用于定义和辅助决策的自动建模技术。

　　在数据方面，有关儿童、学校和家庭的部门（DCSF）每学年都进行一次学校年度学生人口统计。它记录了英国公立学校每个学生的相关信息，其中包括地址信息。这些数据被纳入（英语）国家学生数据库（NPD），记录成绩并为每个学生提供唯一标志，以便实现不同教育关键阶段的连接。为了进行具体分析，研究者使用国家统计邮编目录（NSPD）来提取其邮政编码地址数据，并对小学生的居住地址进行模拟。

　　研究者根据英格兰每所公立学校就读学生的家庭位置，绘制学校集水区（catchmentareas）（图 7-1）。通过就读学生的基本信息（成绩、语言、偏好等）形成一个框架，基于此框架，研究者创建了基于网络的决策支持工具，以帮助父母寻找理想的学校。

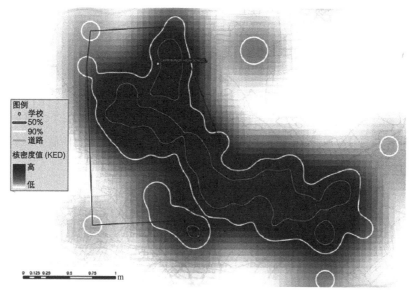

图 7-1　在核密度算法下形成的学生家庭集水区示意
（资料来源：Singleton，等，2012）

　　在具体方法层面，通过对当地人口集中地区进行核密度估计，可以得到学校生源范围的另一种表示形式。在任何给定的学校中，容量百分比等高线法可用于约束注册学生密度的累积百分比（可预先指定）所在区域。例如，PVCs 可用于识别大约 50%、75% 或 95% 的学生居住范围，以及谁就读于哪一所学校。KDE 技术不会透露任何学生的家庭位置，而且该技术已经成功地在健康研究中广泛应用，以保持机密性（Guag liardo，2004；Peterse，等，2009）。

　　KDE 分析需要指定输出栅格的带宽和空间分辨率参数：图 7-1 所示是通过将学生的原始位置设置为带宽 500m、像素大小（空间分辨率）为 100m 的输出栅格来创建的。此地图是采用 ArcGIS 中的二次核函数（de Smith，等，2009）实现。
图 7-1 中密度表面的较暗区域表示学生集聚的区域。在某种意义上，这创建了一个
合理的学校生源范围的近似值，并且将热点类型进行了可视化，但这通常用于其他领
域，如犯罪分析（Chainey，Ratcliffe，2005）。然而，出于模拟的目的，采用一个
简化的二进制衡量值，用户可以很容易地分辨位于学校生源范围之内或之外的区域。
因此，从密度表面提取 50％和 90％的 PVC，分别与约 50％和 90％的学生集聚区相
对应。

　　基于 PVC 表示的一个明显缺陷是生源范围的不连续性。为了达到最直观的可视化，
生源范围的表示需要是连续的，即生源范围必须合并起来以创建单一且统一的边界。
在 PVC 中不连续现象有两个原因。首先，PVC 对异常值很敏感，而这些异常值不一
定符合学生的主要地理分布。这些异常值可能表现出空间聚集，但非受到地理入学标
准的影响，例如家庭离学校更近的孩子会优先录取。第二个影响 PVC 空间连续性的因
素涉及 KDE 合适带宽的选择。图 7-2 反映了如何通过保持 70％ 阈值的住区边界，并
指定三个不同的带宽参数，来改变输出生源范围的形状和相邻性。

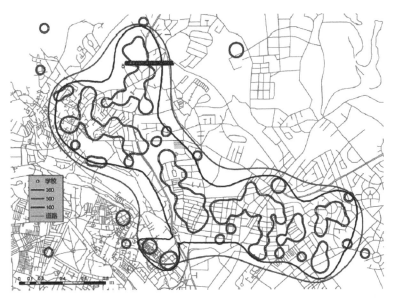

图 7-2　70％PVC 下的边界测试
（资料来源：Singleton，等，2014）

　　考虑到众多可能的带宽选择和学生集聚区百分比阈值的组合，为所有学校手动创
建生源范围将是一个非常耗时的过程。此外，最好每年更新一次生源范围，以响应
连续 PLASC 结果中显示的学生居住地组合的变化。为了解决这些问题，研究者使用

统计编程语言 R（www.r-project.org）编写了一套程序，该程序使用一系列方法，基于自动选择的学生百分比阈值和带宽大小生成生源范围区域。选择 R 语言，而非 ArcGIS 中的脚本工具，是因为前者生成结果要快得多，并且为功能规范化提供了更大的灵活性。研究者在开发的 R 程序中使用了一个无界的、正态分布的内核，其带宽为 200m。在将该内核传递到学生点数据上生成 KDE 曲面之后，该算法可以绘制一个初始阈值为 70% 的连续 PVC，即包含每个学校 70% 的学生居住位置的单一区域。

在与教育专业人员和潜在的最终用户讨论之后，研究者选择了两个初始阈值（200m 和 70%）。这两个阈值反映了父母对孩子选择学校的现实期望，即基于距离的标准是最重要的。如果采用更高的 PVC 值如 95%，可能会被一小部分为获得学位而搬入本地的学生扭曲。基于此，程序开始计算由 PVC 程序创建的多边形数。

对于不连续生源范围的出现可能有其他解释，例如，学校已在不同的物理位置重建。因此，使用默认的最大带宽参数可能会产生误导的结果。取而代之的是一系列可能的诊断检查：可以根据某些城市衡量标准对学校登记册上的邮编进行核对，比如来自国家城乡分类的邮编；或者，可以基于每所学校固定缓冲径向距离的密度估计，来检查学校当前区域内的学生人数。研究者尚未对使用最大值模拟的学校生源范围尝试这些改进，但强调这些和其他适应性程序可用于确保所有地区的学校得到连续性结果。最终，通过在线可视化技术，研究者将形成的图面结果呈现在网络上，使得家长可以自由访问并了解其中的信息。

Singleton 等人使用的这种分析方法，从模型角度来说较为简单，实现起来也较为容易。但其形成的结果比较模糊，未能精确地反映家长与学校之间互动选择的确切情况。导致这一结果形成的原因主要有二：一是获取的数据本身信息量有限，二是由于数据与隐私保护的要求，使得数据颗粒度无法反馈到更细的层次。Singleton 等人在此研究中的难点在于运用 R 语言进行模型优化。为了追求整体连续可导，编程语言较为复杂，且无法以一项编程适用于所有情景。应对不同情景，需要有独特的编程方法。同时，为了整体的连续性所作的努力，也成为研究者的掣肘之一，连续性使得数据在细节层次失真，而难以成为进一步分析决策的基础。无论对于家长或是学校，此成果只能作为初步定性决策的参考。

7.1.4 葡萄牙阿马多拉市保育设施布局研究

Costa 等（2010 年）提出单元边界可变问题（modifiable areal unit problem，MAUP）及考虑社会经济和地方背景的服务区定义方法，应用于葡萄牙阿马多拉市保育设施需求研究。

在阿马多拉市保育设施需求研究的具体案例中，Costa 等人采用的数据包括阿马多拉市议会（AMC）发布的报告中，数据包括设施的位置、地图、正射影像地图等，以及来自国家统计局（NIS）分级水平的人口统计、经济和其他数据。同时，Costa 对市内 6 岁以下目标公众儿童的教育和儿保设施的供应和可获得性进行了衡量，并参考了 DGOTDU（2002 年）发表的"集团设施规划与表征条例"中规定的法定标准。

在此研究中，研究者提出了图 7-3 所示的方法论，通过调节和处理阿马多拉市议会的数据库确定了各种设施的布局，该数据库可在议会网站上在线获取，即议会于 2007 年编制的一张教育和儿保设施的地图；市区的街道路网数据，采用 ArcGIS9.2（由 ESRI 制作）的"Geocoding"扩展工具计算机平台。基于这种空间化，使用 ARCGIS 9.2 平台的扩展工具"网络分析"构建了可步行访问的区域，如图 7-3 所示。

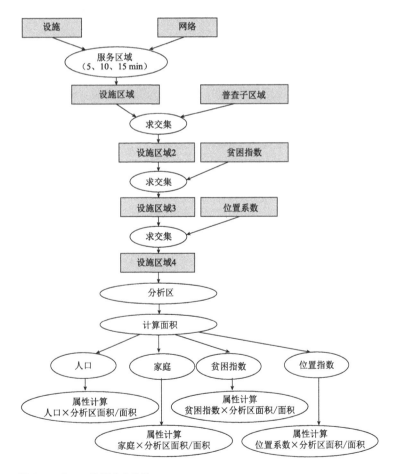

图 7-3　Costa 的研究方法论

通过这一工具的"服务区范围"功能，可以识别出不同区位可到达性的程度大小，同时假设往返于设施的人以每小时 3km 的平均步行速度行进。由此得到以下分析间隔：0~3min，3~5min，5~10min 以及 10~15min。然后通过人口、住所、社会物质资料和市政财产税信息等数据，来对这些可达性范围进行剖析。

每个分级统计的数据并不一定都与该可达性范围相对应。然而，统计分区的定义基础是对该区域的同质性的考虑（Dias，2002）。这样一来，在同一分区内的人口和住所分布以及其他推断的指标可以被广泛认定为是同质对应的。通过对这两个维度（人口和住所）的分析，就可以得出可到达区域中包含的居民数量。

然后，基于可达性范围的密度，计算人口及相应住所的数据，进行不同层次的分析，将位置系数（市政物业税）进行分类。然后测量每个类别中（更大或更小的系数）可到达区域的百分比。采用类似计算方法，就可以对具有最大和最小社会物质要素的可到达区域的百分比进行计算。由此可以得到一张全新的，以可到达性为基础、以人口及社会物质要素为需求的新的保育设施分布地图。

Costa 等人的研究主要依托 ArcGIS 工具，旨在构建区域设施布局的理想模式及构建方法。从方法技术角度来讲，其理念是将城市空间进行数据化，辅以人口、住房及其他社会物质资料数据，设定限制条件，最终生成理想模型。从考虑的要素来讲，其研究相对单一，主要限制条件为区域的可达性。故而研究的适应性较强，但精确度较低，可用于其他类似地区及类似问题的初步研究。

此研究的缺点在于过于关注理想模型，却较少考虑其可操作性，没有将经济与社会成本纳入计算方法中来。

7.2 国内学校布局优化案例研究

学校作为城市最重要的公共服务设施之一，基于中小学生就近入学原则的城市学区是基础教育资源空间均衡分配的一种核心形式。随着城市人口的不断增加，适龄入学儿童数量随之增加，此外，由于教育资源的相对不均衡，导致就近入学难和跨学区择校现象严重（艾文平，2016）。2017 年，党的十九大报告指出优先发展教育事业，推进教育公平。学校布局优化问题，受到国内学者及社会各界广泛关注。

目前，国内不同的学者采取空间运筹、GIS 空间分析、设施区位优化模型、线性规划模型等不同的技术方法，开展城市或农村学校选址、学区划分及布局优化等研究，并在全国不同地方开展实践应用。本研究选取典型的五个案例进行分析，案例地点覆盖城市和农村、公立学校和私立学校，方法涵盖 GIS 空间分析和设施区位模型等。通过案例研究，总结和评析国内不同学校布局优化研究方法的适用性，提出不同布局优化方法的选择原则。

1. 武汉市经开区学校优化模型研究

万波等（2010 年）根据我国学校选址问题需求的波动性、需求偏好和成本与效用均衡等特点，以武汉市经开区学校优化为例，基于分段效用函数建立了分级的、带容量限制的中位模型，同时考虑了设施开放与关闭的数目等限制条件，对学校选址问题进行求解，还可以评估学校最佳容量。

2. 线性规划结合 GIS 的学区划分实验

孔云峰（2012 年）利用运筹学线性规划方法，建立了改进的整型规划模型，在学校数量、位置和学额确定的前提下，优先满足最短距离目标下居民点学生全部分配到学校剩余学额的要求。

3. 山东省某镇偏远农村小学选址研究

彭永明和王铮（2013 年）在 P—重心模型基础上增加上学最大距离不超过某一阈值的约束条件，保证偏远农村学生上学相对方便和加权距离相对最小，并应用于山东省某镇小学选址。

4. 北京市延庆区农村学校布局优化研究

戴特奇等（2016 年）针对农村现状，以北京市延庆区小学布局调整为例，在最大距离约束的 P—中值模型中增加了学校规模约束，采用分支界定算法求解，发现增加规模约束后学校布局更加分散。

5. 广州市天河区公私立小学混合派位研究

艾文平（2016 年）针对广州市天河区小学学区学位供需情况的不均衡现象，基于经典区位设施模型，分别扩展构建公立学位有限的就近入学覆盖最大，公立学位有限的就近入学覆盖最大、可达性最优，入学距离最短、费用最低的公立私立混合派位三种派位优化模型，对学区调整提出政策建议。

7.3 中小学布局优化路线评析

7.3.1 中小学布局优化方法要素分析

通过对国内外学校布局优化案例的分析，总结得到表 7-1。将国内外不同的优化方法按其目标要素进行分类。从目标角度出发，我们可以将各类实践分为三个层次的要素目标：物质要素目标，社会要素目标及需求要素目标。

布局优化方法类型（Y- 研究应对目标，D- 研究意图方向）　　　　表 7-1

研究者	时间	物质要素目标					社会要素目标					需求要素目标				
		规划分区	学校承载力	区域连通性	学校边界	交通路径	低成本估算	民族融合	操作可行性	政策适应性	经济环境适应性	公众参与	信息沟通平台	辅助决策	学校优劣均衡	通勤成本
Taylor	1999 年	Y	Y		Y	Y	D	Y	Y	Y	Y	Y		Y	D	Y
Caro	2004 年	Y	Y	Y	Y	Y	Y	Y	Y		Y	D	D	Y		
Singleton	2010 年		Y		Y	D	D	Y	Y	Y	D	Y	Y	Y	Y	Y
Costa	2010 年	Y		Y		Y				Y	Y					
万波	2010 年		Y			Y									D	
孔云峰	2012 年	Y	Y			Y										
彭永明、王铮	2013 年			Y		Y			Y					Y		
戴特奇	2016 年		Y			Y										
艾文平	2016 年	Y	Y													Y

首先是物质要素目标。物质要素目标主要包括五个属性：①规划分区，根据学校的地理位置、人口情况等要素，对学校影响范围进行规划分区。每个分区分配给 1 个或多个（不超过 3 个）学校。②学校承载力，学校的分配不得超过每个年级的承载能力，且需要相对于其他属性进行平衡。③每个学区必须是连续的，即此区域内的每个地块之间都是可以相互连通的。④学区边界的确定，学区边界不可以跨越诸如铁路、河流或交通繁忙的街道等地理障碍，且明确边界与周边的城市关系。⑤交通路径，所有学

生的总出行距离最小化，但学生的行程不应超过指定的最大距离。

在国内外的各类研究中，物质要素都是研究者优先关注的目标，且是所有该类型研究的基础目标。从侧重关系来看，交通路径与学校承载力（规模）方面的研究是物质要素目标的重中之重，每项研究都具备这些内容。但国内研究往往只关注这两方面内容，而国外的案例更偏向于对规划的分区及学区的边界划分与确定。

其次是社会要素目标。社会要素目标主要包括五个属性：①低成本估算，新的分配模式必须与现有模式保持一定程度的相似性。当学校重新划分时间间隔较长时，该属性是相关的，因为考虑每年创建全新的学区是不现实的，也是不切实际的。②民族融合，在多民族或多肤色地区，注重不同民族的人群就学问题是必须关注的问题，以防止有可能产生的民族分裂带来的恶劣影响。③操作可行性，在理论研究的基础上，必须考量所使用的优化方法的多面适用性，数据获取的难易程度及数据分析的操作难度，方案实际运作时是否符合当地实际发展基础及发展能力。④政策适应性，对于不同国家与地区，对于学区及学校选择的不同政策对学校分配的影响较大，学校的优化布局是否结合了政策优势，或是否回避了政策弊端，是研究所需要考虑的问题。⑤经济适应性，学校优化布局的形成，是否符合当地的经济环境，是否符合市场需求，对地价及周边居民收入的考量需要纳入优化方法中。

通览国内外学校优化布局的案例，不难发现国内的研究很少涉及社会要素目标。在国外案例中，尤其是美国的案例中，研究者将种族问题列为重中之重，并给予高度的分析优先级，这也与美国较严的反种族割裂法案有很大关系。同时，国外研究者也十分注重操作可行性、政策适应性及经济环境适应性目标的实现。但随着城市问题的愈发复杂且清晰，这类问题应当纳入我们对学校布局的优化研究当中。

最后是需求要素目标。需求要素目标主要包括五个属性：①公众参与，研究方法所形成的结果，是否能用于公众参与，是否能通过简单通俗的方式为公众所理解，是否能通过政策平台听取公众的意见与看法。②信息沟通平台，研究是否关注建立实时动态的信息沟通平台，是否能将研究结果依据实际情况的变化及人群的需求意见进行及时调整。③辅助决策，研究结果是否能帮助除政府以外的人群，如学生、学生家长及教师等进行择校决策。④学校优劣均衡，研究方法是否考虑了居民对于不同层次的学校的不同需求，是否能一定程度上获取居民对学校的印象。⑤通勤成本，研究方法是否关注了不同人群在通勤及学校周边生活的成本问题，是否均衡考虑了不同人群的支付能力。

从目前的案例来看，需求要素目标对于国内外研究者来说都是急需攀登的研究高地，但研究者对此往往束手无策。导致这一现象的主要原因在于居民需求信息的获取难度大，公众参与的形式及方法仍旧在探索阶段，信息的沟通还难以形成长效的机制。

从实践意义的角度来看，学校分配优化的问题是一个双向的问题，一方面是决策者依据现实状况，对于学校布局的最优解的追求；另一方面是居民对于学校的实际需求及上学所带来的各种问题的困扰。

现有研究比较成熟的物质要素目标及社会要素目标的实现，都是自上而下的单方面求解。随着大数据以及信息技术的发展，人群的需求要素将会愈发显著，这类信息的获取也将会有更多接口，对于此类目标的实现也将会更加紧迫。

7.3.2 中小学布局优化方法选择原则

通过国内外的中小学布局优化研究案例分析，可发现城乡中小学布局优化的方法类型多样，将常用的模型方法分为以下三类：

一是 GIS 空间分析。随着 GIS 技术发展的日渐成熟，GIS 凭借其空间数据管理及空间分析优势，在学校布局的优化和规划调整、学区划分、入学可达性、优质教育资源的配置以及择校现象等研究中广泛应用。此外，GIS 还可以与优化模型进行结合，开展分析或可视化展示。其分析大致分为两种类型，一是从学位需求的视角来评估教育资源均衡性和可达性；二是从学位供给的视角，采用空间优化方法对学校布局和学区的划分进行优化。

二是设施区位模型。该模型基于区位论，通过特定的目标（最小费用）进行设施选址。具体包括 P—重心模型、P—中位（中值）模型等。在给定约束条件的情况下，可使用分支界定算法、拉格朗日算法等进行求解。

学校学区的布局调整规划属于离散型设施区位问题。该类模型的缺陷是求解的过程中无法兼顾多种目标，容易导致优化结果的准确性与实际存在较大偏差。

三是设施区位优化模型。其原理是对现实中具体的空间性问题进行抽象化，设定目标函数和约束条件来构建优化模型，通过对模型进行求解获得最优解或可行解。设施区位优化方法大致可以归为定性和定量两大类：定性方法主要是对研究方案进行指标评价得到最优选址，常用的方法有层次分析法和模糊综合法以及两者的结合；定量的常用方法有数学规划方法和启发式搜索方法。

其中，数学规划方法中线性规划法、指派规划法、动态规划法、整型规划法和非线性规划法等在学校布局优化研究中较为常用。大多数整型规划和指派规划属于 NP–Hard 问题，而对于中大规模 NP–Hard 问题和非线性的选址问题，这些方法很难得到精确解。因此，研究者或者通过实践经验将模型进行简化，或者采用启发式搜索算法对该类问题进行有效的求解，具体包括退火算法、蚁群算法和遗传算法等（表7-2）。

城乡中小学布局优化方法对比　　　　　　　　　　　　表7-2

方法类型	模型	求解算法	优势	不足
GIS空间分析	OD分析、可达性分析、最优设施配置	网络分析算法	基于真实路径的OD距离分析；空间可视化	仅限于物质空间要素分析，对社会要素和需求要素的分析具有局限性
设施区位模型	P-重心模型、P-中位（中值）模型	分支界定算法、拉格朗日算法等	目标约束清晰，计算效率高	求解的过程中无法兼顾多种目标
设施区位优化模型	数学规划方法：线性规划法、指派规划法、动态规划法、整型规划法和非线性规划法；启发式搜索方法	退火算法、蚁群算法和遗传算法	设定目标函数和约束条件，可以纳入更多学校优化布局的考虑因素，实现多目标的约束	对于中大规模NP-Hard问题和非线性的选址问题，这些方法很难得到精确解

城乡中小学作为关系国计民生的公共基础设施，在进行布局优化研究时，方法模型的选择需兼顾技术性和社会性，要考虑以下五个原则：

一是分析目标的匹配性。在中小学布局优化分析中，分析目标对于模型选择起到关键作用。要明确分析目标是单目标还是多目标，是设施选址还是区位优化，是获得学区划分方案、学校选址还是学校布局优化解集，进而选择与分析目标匹配的分析方法。

二是影响因子和数据的适用性。模型方法的选择还受到影响因子的选择及其数据粒度的影响。如果物质空间要素较多，数据粒度较高，可开展精细化的空间分析，且倾向于选用GIS空间分析方法，或者与优化模型结合。如果数据连续，且影响因子选取较多，使用数学规划方法，求解运算量较大。如果数据中异常值较多，容量百分比等高线法（PVC）对异常值非常敏感，这些异常值不一定符合真实分布情况。

三是应用尺度的兼容性。需要考虑，是在乡镇街道、市区、全市等较小尺度，还是地区、省级及以上的较大尺度分析。GIS的空间分析方法表现出适用度更广的分析优势。尺度越大，设施区位优化模型计算就更加复杂。

四是模型精度和敏感性。必要时选取不同的模型进行分析，对分析结果进行精度评价和敏感度评价后，再选择结果更优的模型。

五是社会因素和需求因素分析的重要性。随着信息技术的发展，家庭择校需求等主观意愿相关因子数据可获得性增强，同时算法计算能力不断提升，因此，模型方法的选择和应用中，要更多地考量如上学成本、社会需求、不同人群的适应力等社会因素，以及学生意愿、教师意愿及社会认可度等相关人群的主观意愿。

只有综合考虑了技术因素和社会因素，开展模型计算得到的中小学布局优化分析结果才能更加有效地支撑教育部门进行教育基础设施优化。

第 8 章

研究总结与结论

8.1 基本观点

（1）方便学生就近入学，保障每位适龄儿童入学机会均等是义务教育均衡发展中需要解决的首要问题，也是政策设计的基本原则。

（2）立足城乡发展实际，"整体规划"和"有序调整"城乡中小学的数量、规模和分布，确保不同类型、不同规模学校的合理并存，是城乡中小学合理布局的基本途径。

（3）中小学布局优化需要整体考虑学校布点与规模、教学水平、多级设施、接送站、就学需求动态变化等因素，考虑地理环境、城乡人口变化、经济条件和教育基础等因素，纳入模型统一计算。

（4）从当地城镇化进程和学龄人口数量变化的现实出发，通过中小学布局定量优化研究，设计适合当地的布局优化政策，是实现教育资源均衡有效配置的重要手段。

8.2 基本结论

8.2.1 旌阳区案例结论

基于分析德阳市旌阳区的城镇化发展特征、现状学校特征和人口变动趋势，利用当地教育局提供的教育设施资料及学校调研问卷，构建 DEA 模型对现状义务教育学校进行综合评价。结果显示，利用 DEA 模型可有效识别出投入产出效率较低的学校，及对部分要素细化、针对性的调整方向。同时，模型还可反映低效小学和中学的空间分布特征，进而有利于挖掘低效的原因，有针对性地制定改进措施。

在现状学校综合评价 DEA 模型基础上，通过 Mixed Logit 模型，针对旌阳区现状学生家庭择校规律进行研究，并结合人口发展和城乡发展格局，对未来村镇学校需求进行预测。结果显示，就学距离、学校成绩是实际生活中家长择校偏好的主要影响因素。家长更看重小学的教师数量、学校规模。

综合影响因子分析，构建出各小学、初中未来的就学需求预测模型。综合人口预测和就学需求预测，考虑到学校效率和质量保证，对各村镇学校未来的规模进行预测，进而量化地提出旌阳区小学、初中的学校保留、撤销方案，以及各学校的需求规模，并进行空间可视化，进一步指导旌阳区中小学优化布局、未来学校资源统筹调配的科学决策。

DEA 模型、ML 模型及就学需求预测模型在旌阳区的应用，进一步验证了模型的有效性。基于以上学校分析评价和就学预测，在旌阳区城乡空间格局变动下，结合人口发展和对学生家庭择校因素的分析，从"城乡一体考虑，统筹教育资源发展；学校联办统筹，促进城乡资源一体"两个方面，以及教育设施建设和教育资源投放方面的建议，为旌阳区教育设施和教育资源的合理调配和建设提出宏观和微观结合、定性和定量并举的建议。

8.2.2 通州新城案例结论

通州新城外来人口比例高，地铁商品房增长快，新增就学需求和学校质量差异大，也是城镇化过程中教育配置研究的典型案例地区。研究通过问卷调查建立就学与居住的实证关系，并根据2016年百度地图、教委统计数据建立居民点、小学和路网GIS模型，借助DEA评价、ML模型及网络分析的位置分配工具进行综合的布局优化研究。

从调查所得实际格局来看，通州新城同时具有外来人口的郊区和教育资源资本化特征。通州区作为非京籍就学大区，外来与本地学生在大多数学校的混合程度较高，其居住融合程度也较好。京郊城乡结合地带有大量居住10年以上而无户口的事实"本地"居民，其就学机会的障碍主要在于升学而非入学。新城学校与居住分异维度主要在于家庭收入，且规模越大学校学生家庭收入异质性越强。

对于学校布局优化的具体操作而言，构建多目标多约束的综合模型是规划方法的趋势。尽管存在数据获取和参数求解等障碍，基于大数据的离散选择模型应用仍具有相当的潜力。未来需要强化规划师的模型习惯，构建对应小区房价等级比例平衡、学校规模约束、总出行成本最小和资源配置效率优化的综合模型，为均衡教育资源布局、校车选址选线、引导就近入学、规范入学途径等提出定量决策支持。

通州副中心建设是新城学校系统整体布局优化的契机。基础教育质量的提升对副中心的培育至关重要。未来应当统筹新城中心和镇村各类学校资源调配，高标准提升存量扩充增量，缓解中心学校压力，有效提升外围学校质量，满足居民就近入学需求；同时，多种途径促进基础教育均等化，以信息化带动城乡学校合作，建立学校与社区资源共享机制，系统提升新城基础教育服务质量水平。

8.2.3 不同地区比较结论

德阳市旌阳区与通州新城处于不同城镇化发展地区的不同阶段，学校规划布局与家庭择校需求有所不同。在西部城乡人口变动较大地区，需要科学考虑村镇学校撤并和资源集约利用。而在东部特大城市的边缘新城地区，需要考虑原新城中心外围新增学校的规划配置。

　　在西部人口向城镇集中的过程中，教育质量是家长择校的重要因素，高级教师比例、学生成绩等与学校选择相关。而北京边缘地区房地产拉动城镇化的模式中，居住区开发捆绑学校的教育地产是新城家庭以房择校的途径，学校选择与就学距离、学校硬件条件和家庭自身收入相关，且在后续预测过程中，研究认为学生家庭收入与房价直接相关。通过离散选择模型挖掘不同地方特殊的择校规律用于就学需求预测，能够得出更符合未来发展实际情况的预测结果，科学指导学校布局规划。

8.2.4 优化方法比较结论

对国内外八个学校布局案例及其使用的方法进行对比分析。

1. 目标要素分析

　　国内外研究者考量的目标要素可总结为物质要素目标、社会要素目标及需求要素目标。

　　物质要素目标主要包括规划分区、学校承载力、区域连续性、学区边界和交通路径五个属性。国内外的各类研究中，物质要素都是优先关注的目标，并且为基础目标。其中，交通路径与学校承载力（规模）又是重中之重。但国内研究大多只关注这两方面内容，而国外的案例更偏向于对规划分区及学区边界的划分与确定。

　　社会要素目标包括低成本估算、社会融合、操作可行性、政策适应性和经济环境适应性五个属性。国外研究者更注重种族融合、操作可行性、政策适应性及经济环境适应性等社会目标的实现。国内的研究则很少涉及社会要素目标。随着城市问题的愈发复杂，社会需求不断清晰，这类问题更应当纳入研究中。

　　需求要素目标包括公众参与、信息沟通平台、辅助决策、学校优劣均衡和通勤成本五个属性。由于居民需求信息获取难度较大，这一部分在国内外都是研究难点。随着大数据以及信息技术的发展，人群的需求要素将会愈发显著，信息获取方式更加多元，居民需求要素目标的实现也是未来研究的重点。

2. 方法评析和选用原则

　　各学者使用的方法可分为 GIS 空间分析、设施区位模型和设施区位优化模型。不同的模型方法存在各自的优势和不足，适用性各不相同。模型选择时需兼顾技术性和社会性，要考虑以下五个原则：一是分析目标匹配性，二是影响因子和数据适用性，三是应用尺度兼容性，四是模型精度和敏感性，五是社会因素和需求因素分析重要性。

8.3 研究创新、不足与展望

8.3.1 研究创新之处

（1）运用 ML 模型进行城乡人口变化背景下各个阶段的就学需求及择校分析。

（2）构建规模限制的多阶段多级的城乡空间全覆盖综合模型，模型中率先引入学校教学质量级别、校车接送站等问题。

（3）首次将城乡中小学布局与城乡人口变化动态一并纳入模型进行研究。

（4）基于模型定量优化分析结果进行中小学布局优化政策设计。

8.3.2 研究不足

本书存在的不足和欠缺主要在于数据处理方面。受限于调研条件，问卷数据与预期技术路线的方法还不完全协调，特别是对通州新城家庭择校数据信息掌握不够充分；在使用本次调查问卷数据拟合 ML 模型的过程中，由于六所学校可选项变量数值间变异程度（variance）不够大，出现奇异矩阵，即无解和无穷解的情况，通过对参数的反复估计、调整和补充推测才获得较为可靠但并非理想的影响系数结果。此外，结合实地访谈发现，模型假设家长决策时了解所有学校情况、具有选择自由的前提也较为理想。但这不影响技术路线的合理性，根据模型方法特性，在获得更大范围学校和家庭数据的情况下，使用 ML 模型能够逼近真实的择校需求概率估计，进入更为完善的优化流程。

尚需深入研究的问题是进行多阶段的学校综合布局优化模型研究，可分为三个方面：一是多年份人口与招生拘束验证就学需求预测与实际招生情况的拟合程度，验证预测结果并根据实际改进模型方法，进行学校布局的多阶段优化；二是将校车接送点选址与选线模型纳入实际问题的解决应用，调查发现家庭对校车的需求极大，但校车管理、道路交通情况复杂，其系统优化需要具体的路线设计；三是学校分区综合优化模型研究，在总距离最短目标下纳入住房条件、社会分异、主观需求等多种公平因素考虑，进行更合理有效的就近入学分区。

8.3.3 研究展望

本书主要面对的问题是中小学布局涉及的设施选址决策及布局优化等问题，梳理了定量化的中小学布局调整支持分析方法体系，使用数据包络分析（DEA）和 Mixed Logit 模型、DHCM 综合模型配置方法等方法构建综合的中小学布局优化模型，对教育设施进行"投入一产出"分析、就学人口择校需求分析、就学需求预测，以及综合多级、多阶段、规模、教学质量、空间可达性等多因素的布局调整优化。

本书已经为学校布局优化的物质条件分析打下了良好的基础。未来，我们还可以利用此研究成果，结合不同地区的不同政策、经济与社会条件，进一步探讨其优化布局的操作可行性问题，综合考虑优化成本、社会融合及教育公平等现实社会问题。

同时，依托本书成果，我们能够以此建立学校选择与布局优化的公众参与平台、网络信息沟通平台，从而了解切实利益相关的居民对学校的需求意向。这种平台也可以收集更大范围内的城市群数据，形成区域内学校资源的数据库，为地方政府提供辅助决策的技术支持。

分析国内外的研究案例，对于学校资源布局优化问题的研究，终将从单一的物质条件分析方法转向以解决社会需求与人的需求为导向的数字治理平台。这也是目前学科内最前沿的研究者在努力的方向。我国学者在此问题的探究上，已迈出了重要且扎实的一步，路漫漫其修远兮，希望本书能为奋斗在此领域的同仁们提供一些新的思路。

附录 A

调查问卷

德阳市教育设施规划——家庭调查问卷

尊敬的家长：

　　您好！

　　受德阳市教育局委托，我们正在为拟编制的《德阳市中心城区教育设施规划（2014—2030 年）》收集资料，开展现状问卷调查。

　　您的问答将作为编制规划的参考，所以真实的回答很重要。同时，本调查问卷采用匿名填写，问卷统计结果仅用于研究及设计参考用途。您的个人信息以及您所填写的问卷内容不会提供给他人，也不会作为商业用途。

　　请您仔细阅读题目和备选答案，然后在选定的答案前方框中打勾（√）或在下划线上进行填写。除特别说明外，通常只能选择一个答案。请您不要遗漏任何题目。谢谢！

1. 您的性别：□男　□女

2. 您的年龄：□ 30 岁以下　□ 30~50 岁　□ 50 岁以上

3. 您的受教育程度：□初中及以下　□高中或大专　□本科及以上

4. 家庭主要人员职业类型：

□农业　□技术工人　□公务员、事业单位人员、企业管理人员

□服务业（零售、运输等）　□其他＿＿＿＿＿＿＿＿＿＿

5. 您的孩子目前常居住于：（请填写）

＿＿＿＿＿＿＿＿＿＿街道（乡镇）＿＿＿＿＿＿＿＿＿小区（社区、村）

6. 您孩子的户口在哪里？（请填写）

＿＿＿＿＿＿＿＿＿＿街道（乡镇）＿＿＿＿＿＿＿＿＿小区（社区、村）

7. 您一年花在孩子身上的教育费用支出是多少？

□ 5000 元以下　□ 5000~15000 元　□ 15000 元以上

8. 您孩子目前就读年级：

□ 1~2 年级　□ 3~4 年级　□ 5~6 年级　□初一　□初二　□初三

9. 您孩子上学主要的交通方式：

□步行　□公交　□自行车、电动车或摩托车　□小汽车

10. 使用以上交通方式，从您家到小学单程大约需要多少时间？

□＜ 10min　□ 10~15min　□ 15~30min　□ 30min 以上

11. 您在为孩子选择学校时，最关心下列哪些内容？（请按关注度由高到低排列）

主要内容	按照关注的程度排序（从1至4）
费用	
教育质量	
硬件设施条件（教室、活动场地）	
离家远近和上学的方便程度	

其他因素（请填写）_____

12. 您最不希望学校周边环境存在哪种问题？

□位于工业区，环境差　□位于商业区，声音嘈杂　□治安存在安全问题

□交通不方便，停车难

13. 与孩子现在就读的学校相比，有没有离您的住所更近的学校？

□有　□没有　□不清楚

14. 如果有，您为什么没有选择离家更近的小学？（可多选）

□教育质量不高　□硬件设施欠佳　□学校周边环境不佳

□就学费用偏高　□邻近的学校可容纳学生少，只能选择更远的学校

□不符合入学条件　□外来人口入学难　□其他（请填写）_____

15. 您认为孩子就读学校的活动场地规模、教室面积、教育质量如何？（请打分：1~5分）

　□活动场地规模_____（分）　□绿化环境_____（分）

　□教室面积_____（分）　□教学质量_____（分）

　□周边环境（噪声、空气、治安）_____（分）

16. 您认为现在的就学，还有什么不足之处？（可多选）

□教育质量不高　□硬件设施欠佳　□学校周边环境不佳　□学校活动场地不够

□就学费用偏高　□学校太远，上学不方便　□其他（请填写）_____

17. 若孩子上学距离远，您更愿意采用何种方式解决该问题？

□寄宿学校　□安排校车接送　□家人接送　□孩子自己上学　□其他_____

18.（1）若付出一定费用，由学校安排校车，您是否愿意？□是　□否

（2）若是，校车接送点位置，您建议在：

□村口或社区门口　□村庄或社区公共中心　□其他_____

（3）校车接送点的设施，您认为需要哪些？（可多选）

□遮风挡雨设施　□简要的座椅，供学生等待时学习　□基本的安全设施

□其他_____

19. 若有条件选择更满意的学校，但就学需要花费更多费用，您每年能承受的增加费用是：

□ 2000 元以下　□ 2000~5000 元　□ 5000~8000 元　□ 8000 元以上

20. 是否愿为孩子就学，迁移住所？□是　□否

若是，如果您现居住地为乡村，是否愿意迁移至城区、场镇？□是　□否

21. 如果您的孩子面临小学升初中，您会选择以下哪种升学方式？

□就近入学　□购买学区房　□报考民办学校　□其他（请填写）_____

22. 据您了解，您所居住社区周边的其他教育设施存在哪些不足之处？（可多选）

□缺少幼儿园　□缺少小学　□缺少初中　□基本不缺，挺好的

23. 您希望学校设施建设最需要改善的内容是：（请填写）

_____

_____

_____

德阳市教育局　北京清华同衡规划设计研究院　德阳市教育设施规划编制组

德阳市教育设施规划——学校需求调查问卷

尊敬的学校领导：

您好！

受德阳市教育局委托，我们正在为拟编制的《德阳市中心城区教育设施规划（2014—2030年）》收集资料，开展学校现状情况和建设需求的问卷调查。

您的问答将作为编制规划的参考，所以真实的回答很重要。同时，本调查问卷的结果仅用于研究及设计参考用途，涉及学校的信息以及您所填写的问卷内容不会提供给他人，也不会作为商业用途。

谢谢合作！

学校名称：＿＿＿＿＿＿＿＿＿＿＿＿＿＿＿＿＿＿＿＿＿＿

建校年份：＿＿＿＿＿＿＿，最近一次改造或建设年份：＿＿＿＿＿＿＿＿

1. 学校用地空间是否充足？　□是　□否

若不充足，大概需要增加多少用地？＿＿＿＿＿＿＿m²。其中用于学校各类建筑建设用地＿＿＿＿＿＿m²，用于场地绿化等功能扩展＿＿＿＿＿＿m²。

2. 学校各类设施建设是否充足？

若不充足，设施建设的类型和规模需求分别是：

□教学楼＿＿＿＿＿＿m²；□实验室＿＿＿＿＿＿m²；□图书馆＿＿＿＿＿＿m²；

□体育馆＿＿＿＿＿＿m²；□室内活动场馆＿＿＿＿＿＿m²；

□办公场所＿＿＿＿＿＿m²；□医疗服务站＿＿＿＿＿＿m²；□礼堂＿＿＿＿＿＿m²；

□食堂＿＿＿＿＿＿m²；

其他设施类型和建设规模的需求，请按上面的形式补充。

＿＿＿＿＿＿＿＿＿＿＿＿＿＿＿＿；＿＿＿＿＿＿＿＿＿＿＿＿＿＿＿＿；

＿＿＿＿＿＿＿＿＿＿＿＿＿＿＿＿；＿＿＿＿＿＿＿＿＿＿＿＿＿＿＿＿。

3. 若学校因为场地或设施紧张，在原址无拓展空间，是否考虑开分校？

□是　□否

若是，如果有条件在中心城区建设分校，希望分校在城市中的选址是：

□邻近原有学校就近选址　□城市已建成的成熟地区　□城市新兴发展地区

□其他地区（请填写）＿＿＿＿＿＿＿＿＿＿＿＿＿＿＿＿＿＿

4. 学校当前发展存在的最主要问题是什么？（不限于建设方面，可含师资、生源等其他各方面情况）

针对上述问题，希望的解决办法是什么？

　　　　　德阳市教育局　　北京清华同衡规划设计研究院　　德阳市教育设施规划编制组

通州区梨园街道中小学生家庭调查问卷

尊敬的家长：

您好！

感谢您在百忙之中接受我们的匿名访问，本调查希望了解您孩子的就学情况。您的合作将为编制通州区基础教育设施规划提供重要参考，所以真实回答很重要。同时，本调查问卷采用匿名填写，问卷统计结果仅用于规划研究参考用途。您的个人信息以及您所填写的问卷内容不会提供给他人，也不会作为商业用途。

根据《统计法》第三章第十四条，本资料"属于私人、家庭的单项调查资料，非经本人同意，不得泄露"。

请您仔细阅读题目和备选答案，然后在选定的答案前方框中打勾（√）或在下划线上进行填写。除特别说明外，通常只能选择一个答案。请不要遗漏任何题目，感谢您的支持！

1. 您的性别：□男　□女

2. 您的年龄：_____ 岁

3. 您的受教育程度：

□初中或以下　□高中/中专/技校　□大学本/专科　□硕士　□博士

4. 您的家庭年收入（万元）在以下哪个范围内？

≤ 2	2~4	4~6	6~8	8~10	10~15	15~20	20~30	30~40	40~60	60~80	≥ 80

5. 您的职业类型：

□农、牧、渔民　□工人　□商业、服务业人员　□个体工商户

□企业/公司职员　□企业负责人　□教师、律师、会计、医生等专业技术人员

□事业单位人员/公务员　□军人、警察　□国家机关、党群组织、事业单位负责人　□自由职业　□其他（请注明）_____

6. 您家一年花在孩子身上的教育费用支出（万元）大概是多少？

≤ 0.2	0.2~0.4	0.4~0.6	0.6~1	1~2	2~4	4~6	6~8	8~10	10~15	15~20	≥ 20

7. 您孩子目前就读年级：

□1~2年级　□3~4年级　□5~6年级　□初一　□初二　□初三

8. 您的孩子目前常居住于：（请填写）

_____街道（乡镇）_____小区（社区）/ 村

9. 该居住地属于您家的：□自有房屋　□租房

10. 您孩子的基本户籍状况：□通州区户籍　□京籍非通州区　□外省市

如果是外省市，您家庭来京居住年限：

□ 1 年以内　□ 1~5 年　□ 5~10 年　□ 10 年以上

11. 您孩子的户口所在地位于：（请填写）

_____市（区 / 县）_____街道（乡镇）_____小区（社区、村）

12. 您孩子上学主要的交通方式是：

□步行　□公交　□自行车、电动车或摩托车　□私家车　□校车

13. 使用以上交通方式，从您家到孩子学校单程大约需要多少时间？

□ < 10min　□ 10~15min　□ 15~30min　□ 30~60min　□ 1h 以上

14. 您在为孩子选择学校时，最关心下列哪些内容？

（请按关注度由高到低排列：1–5）

关注内容	按照关注的程度排序（从 1 至 5）
费用	
教学水平	
生源质量	
硬件设施条件（教室、活动场地）	
离家远近和上学的方便程度	

其他因素（请填写）_____

15. 与孩子现在就读的学校相比，入学时有没有可选的其他学校？

□有　□没有　□不清楚

如果有，请填写学校名_____

16. 如果有，您为什么没有选择另外那所学校？（可多选）

□教育质量不高　□硬件设施欠佳　□学校周边环境不佳　□就学费用偏高

□就学距离较远　□不符合入学条件　□外来人口入学难

□其他（请填写）_____

17. 您家是否因为孩子来此就学搬迁过？□有　□没有

如果没有搬迁过，是否愿意为了孩子就学迁移住所？□是　□否

18. 如果有条件选择更满意的学校，但需要花费更多（万元），您平均每年能承受的增加费用是：

≤ 0.5	0.5~1	1~2	2~4	4~6	6~8	8~10	10~15	15~20	20~30	30~40	≥ 40

19. 您的孩子在幼儿园升小学时，选择了以下哪种升学方式？

□就近入学　□购买学区房　□报考民办学校　□特招入学

□其他（请填写）_____

（初中作答）您的孩子在小学升初中时，选择了以下哪种升学方式？

□就近入学　□学校派位　□对口直升　□特长生　□报考民办学校

□其他（请填写）_____

20. 您认为孩子与所在学校师生的交往融合程度怎样？

□非常融合　□融合程度一般　□不够融合　□不了解

21. 您的孩子与学校同学还是邻居伙伴交往更多？

□都有　□学校同学　□邻居伙伴　□不了解

22. 您认为网络学习手段能否补充学校课堂教育的不足？

□能　□不能　□不了解

23. 如果家里接入了名牌网校资源，能否解决您孩子上远距离名校的需求？

□能　□不能　□说不清

24. 您对孩子就读学校的活动场地规模、教室面积、教学质量评价如何？

（请打分：1~5分）

□活动场地规模_____分　□绿化环境_____分

□教室面积_____分　□教学质量_____分

□周边环境（噪声、空气、治安）_____分

25. 您认为孩子现在的就学，还有什么不足之处？（可多选）

□教学质量不高　□硬件设施欠佳　□学校周边环境不佳

□学校活动场地不够　□就学费用偏高　□学校太远，上学不方便

□其他（请填写）_____

26. 若孩子上学距离远，您更愿意采用何种方式解决该问题？

□寄宿学校　□安排校车接送　□家人接送　□孩子自己上下学

□其他_____

27. （1）若付出一定费用，由学校安排校车，您是否愿意？ □是　 □否

（2）若是，校车接送点位置，您建议在：

□社区门口 / 村出口　 □社区 / 村公共中心　 □其他_____

（3）校车接送点的设施，您认为需要哪些？（可多选）

□遮风挡雨设施　 □简要的座椅，供学生等待时学习　 □基本的安全设施

□其他_____

28. 您最不希望学校周边环境存在哪种问题？

□位于商业区，声音嘈杂　 □位于工业区，环境差　 □治安存在安全隐患

□交通不方便，停车难

29. 据您了解，您所居住社区周边的其他教育设施存在哪些不足之处？（可多选）

□缺少幼儿园　 □缺少小学　 □缺少初中　 □缺少高中　 □基本不缺，挺好的

30. 您认为学校设施建设最需要改善的内容是：（请填写）

_____

_____

北京市城市规划设计研究院　 通州区教育委员会

填写提醒：

关于地址的 8、11 题——提醒学生让家长尽可能规范填写住址和户口地址，依据房产证 / 租房合同 / 户口本或百度地图等确认到小区 / 院名称。

关于收入和费用的 4、6、18 题——提醒学生让家长尽可能准确勾划，避免漏答。

发放说明：

为掌握准确和全面的学生信息，理想的发放规模是覆盖整个新城学校；选择梨园街道主要为工作量考虑，且梨园作为郊区快速拓展、地铁商品房开发与外来家庭集中地区，对新城就学情况有代表性。

附录 B

————————

布局优化软件

课题组基于 GIS 环境和 web 应用架构，开发完成"基于公共设施评估和优化的人居环境质量平台"，实现了教育设施等公共设施的空间分析评估和布局优化分析等功能。该平台已经通过北京中电众维软件评测中心的专业软件评测。

"基于公共设施评估和优化的人居环境质量平台"使用手册

为帮助软件使用者能快速地熟悉和使用本平台，编制本使用手册。

B.1 首页

应用浏览器打开平台首页。首页中包含指数地图、场景定制、公共设施评估、我要参与和关于我们五个版块（图 B-1）。

图 B-1　首页

B.2 公共设施评估

科学合理地规划、分析、管理教育资源是一项十分迫切的需求。教育设施规划和布局能促进各阶段教育的有效衔接，为教育持续、健康、协调发展，建成均衡的教育格局，提供有力的保障。

教育设施规划受到各方的高度重视，合理规划和调整教育资源布局，是优化教育资源，提高教育质量，促进教育健康发展的重要手段，是教育改革发展的需要，是城市发展的需要，更是社会发展的需要。

平台中"公共设施评估"模块重点以"教育设施现状评估和布局优化"为例。为

实现空间分析，该模块基于 GIS 环境开发。点击首页的"公共设施评估"，进入基于
GIS 环境的独立页面。

B.2.1 教育设施管理

（1）"设施管理"菜单在"数据管理"主菜单下，包括"查看单项设施信息"和"设
施列表"两项子菜单（图 B-2）。

图 B-2　教育设施管理菜单

（2）单击"查看单项设施信息"菜单，此时便可查看覆盖分析结果中每个单项
设施的分析结果。点击设施点，在鼠标旁边显示选中设施点的基本信息和分析结果信
息（图 B-3）。

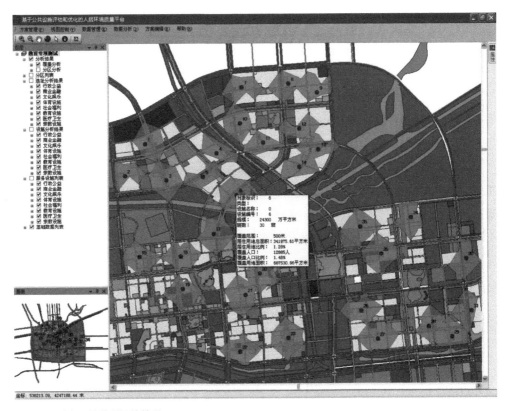

图 B-3　教育设施单项设施管理

（3）点击"设施列表"菜单项，在窗口右侧出现设施列表浮动窗体，列出了所有设施类型，选中设施单项编号，则在"设施基本信息"栏分别显示选中单项设施的基本信息以及分析结果信息，内容与上述点击显示内容一致（图 B-4）。

图 B-4　查看单项设施分析结果

B.2.2 人口预测和分配

B.2.2.1 人口预测

人口数量是反映一个国家或地区经济、社会发展和资源利用的重要指标。准确地把握人口数量、了解其发展态势对于制定国家或地区经济计划和社会发展战略有着深远的意义。

人口预测模块提供了人口预测的功能，包含了数据准备和数据显示两个子模块（图 B-5）。

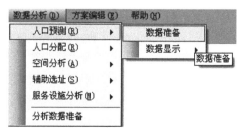

图 B-5　人口预测菜单

1. 数据准备

在进行人口预测的计算之前，将基础年的数据准备好，即基础年的男性人口数据、女性人口数据、男性人口存活率、女性人口存活率，如果有迁移人口的话，需要准备迁移人口数据跟迁移人口的男女性别比。将准备好的数据写到 txt 文件中，男性人口从零岁开始到结束，写入第一排；女性人口从零岁开始到结束，写入第二排。年龄结构为从零岁开始，依次递增，到 64 岁，64 岁以上的人口算作一个整体计算，这样每一排就有 66 个数据，用逗号隔开（图 B-6）。

图 B-6　人口数据

存活率也同理存储，每个存活率数据都与人口数据中的年龄段一一对应，用逗号隔开，独立存成 txt 文件。

如果每年还算迁移人口量就得准备迁移人口数据。迁移人口从基础年的下一年开始，到目标年结束，数据用逗号分隔，独立存成 txt 文件。

迁移人口的性别比数据跟每一年的迁移人口一一对应，用逗号隔开，独立存成 txt 文件。

基准年数据准备好之后，点击"数据准备"，弹出数据准备窗口。将准备好的基准年数据中的人口数据、存活率数据、迁移人口数据、迁移人口性别比数据分别导入数据库中（图 B-7）。

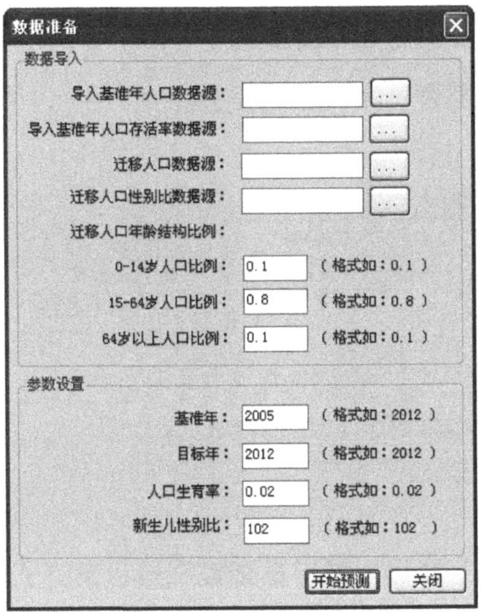

图 B-7　数据准备窗口

基准年数据导入完毕后，将各个参数设置好，点击"开始预测"按钮，开始进行计算（图B-8）。

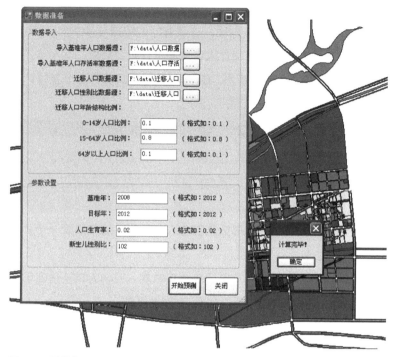

图B-8   计算窗口

2. 数据显示

经过数据准备过程，预测到的目标年的人口数据就已经写入数据中了，可以根据数据显示项来显示预测的数据。数据显示项下有两个小项，一个是"显示基础数据"，另一个是"显示教育专项数据"（图B-9）。

图B-9   数据显示窗口

点击"显示基础数据"就可以弹出基础数据显示窗口了，其中显示的是年份、年龄段跟男女性人口这些基础数据（图B-10）。

年份	年龄段	男性人口	女性人口
2011	51	135129	132924
2011	52	136371	134146
2011	53	114614	117334
2011	54	115702	118447
2011	55	116741	119512
2011	56	117744	120538
2011	57	118731	121547
2011	58	71423	75864
2011	59	72022	76498
2011	60	72603	77116
2011	61	73683	78263
2011	62	74031	78632
2011	63	51239	60226
2011	64	51110	60073
2011	65	51443	60464
2011	66	203186	241387
2012	0	33115	30387
2012	1	133980	131794
2012	2	135280	133073
2012	3	113754	116454
2012	4	114869	117594

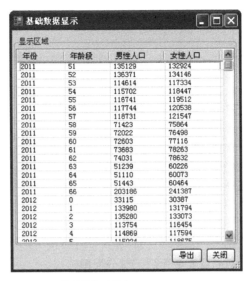

图 B-10　基础数据显示窗口

“显示教育专项数据”是专门为教育专项做的一个子模块，通过对基础数据的显示，可以为用户展示幼儿园学生、小学生、初中生、高中生及总人口的数据(图 B-11)。

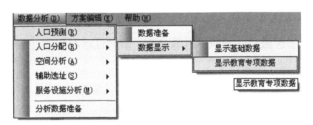

图 B-11　教育专项数据显示窗口(一)

点击“显示教育专项数据”项后弹出了参数设置窗口，用户可以自行设置各个年龄段，系统默认的幼儿园学生是从 3 到 5 岁，小学生是从 6 到 11 岁，中学生是从 12 到 14 岁，高中生是从 15 到 17 岁(图 B-12)。

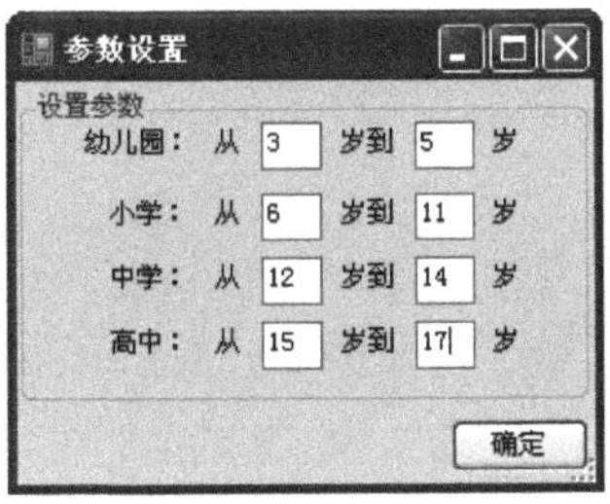

图 B-12　参数设置

设置完参数后点击"确定"按钮，即弹出教育专项数据显示的窗口（图 B–13）。

图 B–13　教育专项数据显示窗口（二）

B.2.2.2 人口分配

人口分配是各类分析的首要条件。人口分配模
块提供了灵活的人口分配方式，点击"人口分配"
下的"执行分配"即可看到人口分配窗口（图 B–14）。

在人口分配管理窗口下，一共有七种分配方式
供用户选择，分别是按地块容积率分配、按区域容
积率分配、按统一容积率分配、按用地面积分配、

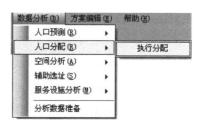

图 B–14　人口分配窗口

多区域人口分配、多区域统一容积率计算分配、多区域赋容积率计算分配（图 B–15）。

图 B–15　人口分配管理窗口

1. 按地块容积率分配

首先在"按地块容积率"分配方式界面中，有三个区，分别为字段选择区、用地性质选择区和计算区。在字段选择区中有两个下拉框，用户必须选择容积率字段和人口字段，在用地性质选择区中的下拉框中选择用地性质这一项，于是在下拉框下面的下拉列表中出现了区域中所有地块的用地性质，用户可以选择用于人口分配的用地性质的地块，然后在计算区中输入总人口，点击"计算"按钮，即可进行分配了（图 B–16）。

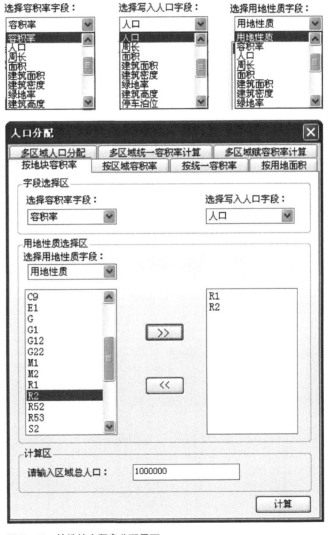

图 B–16　按地块容积率分配界面

分配成功以后，即出现成功界面（图 B–17）。

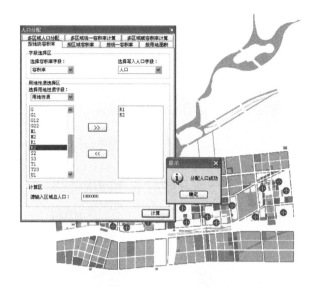

图 B–17　计算结束界面

2. 按区域容积率分配

点击"按区域容积率"标签页，即出现按区域容积率分配方式界面（图 B–18）。

图 B–18　按区域容积率分配方式界面

使用这个功能，用户可以根据选定的分区来给选定分区区域中地块用地性质的容积率赋值。设置方法同"按地块容积率"分配方式，不再赘述。

3. 按统一容积率分配

点击"按统一容积率"标签页即出现按统一容积率分配方式界面（图 B-19）。

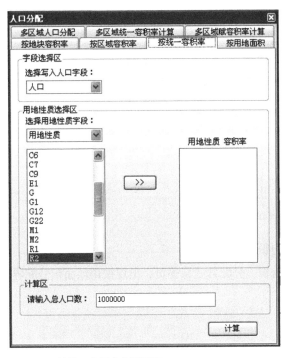

图 B-19　按统一容积率分配界面

如果用户不想使用地块自带的容积率，而想自己重新给地块赋容积率的话，就可以使用本子模块，点击中间的选择按钮，弹出设置容积率界面，用户可自行设置容积率，点击"确定"，设置完毕（图 B-20）。

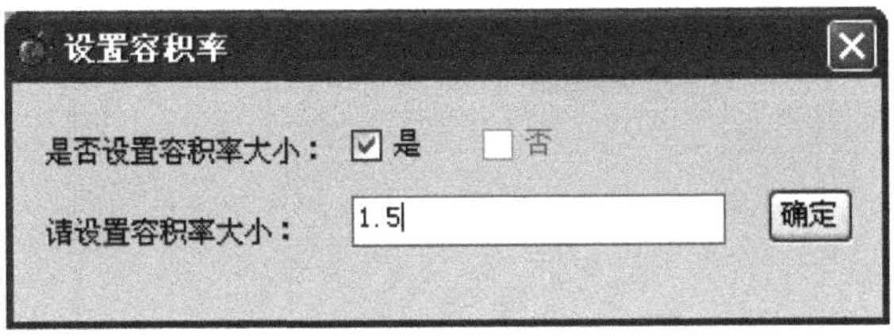

图 B-20　设置容积率界面

设置完毕后，最后点击 "计算" 按钮，即可分配人口（图 B–21）。

图 B–21 计算窗口

4. 按用地面积分配

点击"按用地面积"分配方式标签页，出现按用地面积分配界面（图 B–22）。

图 B–22 按用地面积分配界面

如果没有任何容积率，可按照用地面积将总人口分配到地块，方法同上，这里不再赘述。

5. 多区域人口分配

点击"多区域人口分配"方式，出现其界面（图 B-23）。

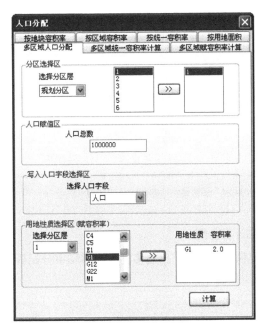

图 B-23 多区域人口分配界面

在"分区选择区"，用户可选择想分配人口的区域，右边第一个列表出现分区层中所包含的分区，然后用户可任意选择出所要区域。在"用地性质选择区"，用户可给这些区域中指定用地性质的地块赋容积率，方法同上，不再赘述。

6. 多区域统一容积率计算分配

点击"多区域统一容积率计算"标签页，出现多区域统一容积率分配界面（图 B-24）。

使用多区域统一容积率分配方式，可以直接使用分区中的人口字段来对分区中的地块进行人口分配，其他方法同上，这里不再赘述。

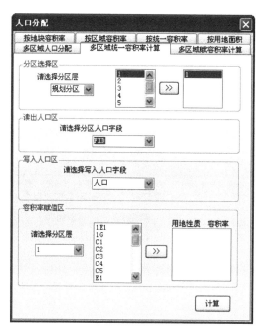

图 B-24　多区域统一容积率分配界面

7. 多区域赋容积率计算分配

点击"多区域赋容积率计算",出现多区域赋容积率分配界面(图 B-25)。

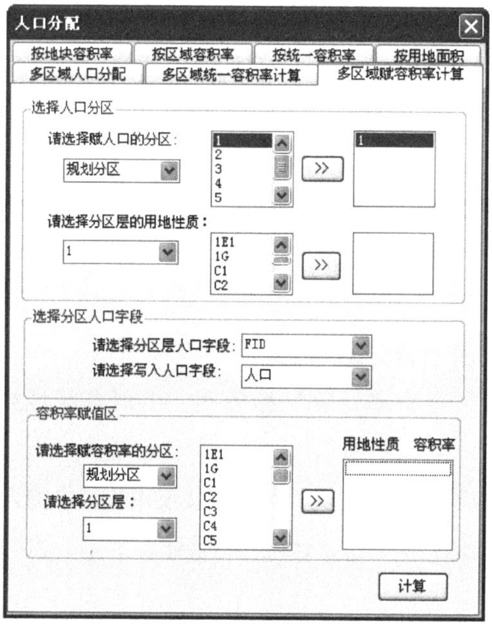

图 B-25　多区域赋容积率分配界面

使用多区域赋容积率方式分配人口可使用人口的分区跟分配地块的分区分开来计算，在"选择分区"中有两个下拉框，上面是用来选择赋人口的分区，下面用来选择指定用地性质地块的分区。其他方法同上，这里不再赘述。

以上简要介绍了人口分配模块中的七种人口分配方式，用户可根据实际需要作出不同的选择。

B.2.3 辅助选址模块

辅助选址模块提供"综合分析"与"辅助选址"两个步骤。共分"教育设施分析""医疗设施分析""文化娱乐设施分析""体育设施分析""商业金融设施分析""社会福利设施分析""行政办公设施分析""辅助选址"八项菜单（图 B-26）。

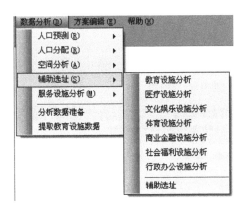

图 B-26　辅助选址菜单

B.2.3.1 综合分析

1. 分类参数设置

点击"教育设施分析"菜单弹出教育设施栅格辅助选址界面，针对教育设施进行选址分析。"类别"中选择要进行选址分析的设施类型，下面列出了目前对设施选址有影响的分析项，针对每一类分析项设置分析参数。

单击"设置"按钮，弹出栅格辅助选址参数设置窗口，设置通用栅格分析参数（图 B-27）。

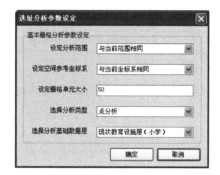

图 B-27　通用栅格选址参数

1）与现状同类学校的距离

如果需要考虑现状设施的影响则选中"是否对'与现状同类学校的距离'进行分析"；在"设施点数据"框中选择数据来源，"设置临界值"框中设置现状学校的影响范围值（图 B-28）。

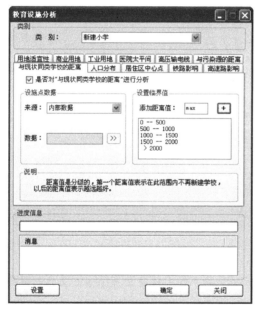

图 B-28　与现状同类学校的距离

2）人口分布

如果需要考虑人口分布的影响则选中"是否对'人口分布'进行分析"；在"用地性质选择区"框中选择用地性质字段（通常为 LUCode）和人口分布的用地性质（图 B-29）。

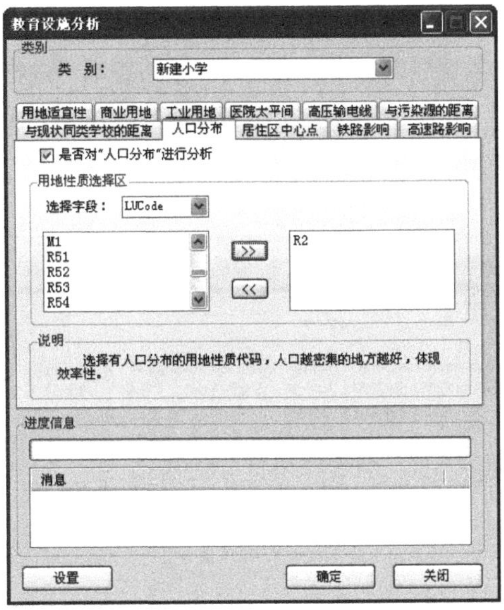

图 B-29　人口分布

3）居住区中心点

如果需要考虑居住中心点的影响则选中"是否对'居住区中心点'进行分析"；在"面数据"框中选择数据来源（使用内部数据或者使用外部导入数据），在"设置临界值"框中添加分析的影响距离值（图 B-30）。

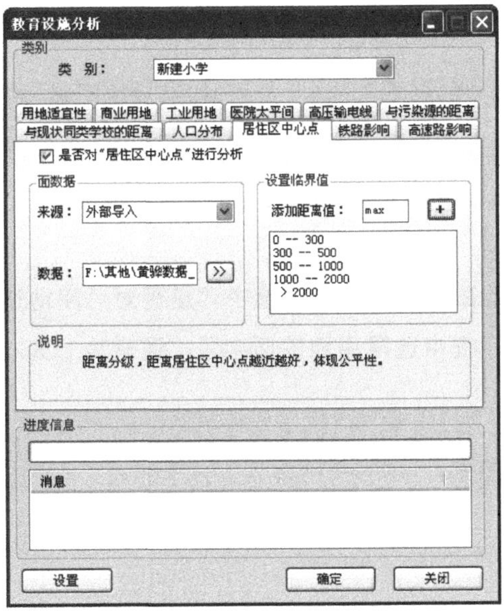

图 B-30　居住区中心点

4）铁路影响

如果需要考虑铁路的影响则选中"是否对'铁路影响'进行分析"；在"线设置"下的"数据"框中选择数据来源（使用内部数据或者使用外部导入数据），在"范围"框中添加铁路的影响范围值（图 B-31）。

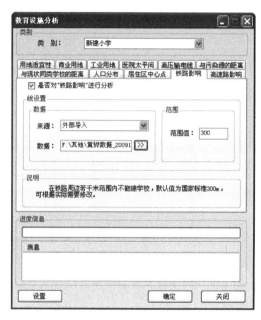

图 B-31　铁路影响

5）高速路影响

如果需要考虑高速路的影响则选中"是否对'高速路影响'进行分析"；在"线设置"下的"数据"框中选择数据来源（使用内部数据或者使用外部导入数据），在"范围"框中添加高速路的影响范围值（图 B-32）。

6）用地适宜性

如果需要考虑用地适宜性的影响则选中"是否对'用地适宜性'进行分析"；在"用地性质选择区"框中选择用地性质字段（通常为 LUCode）和适宜用地性质（图 B-33）。

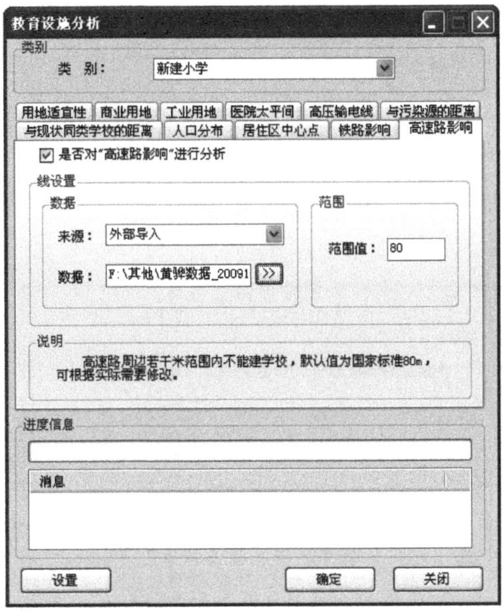

图 B-32　高速路影响

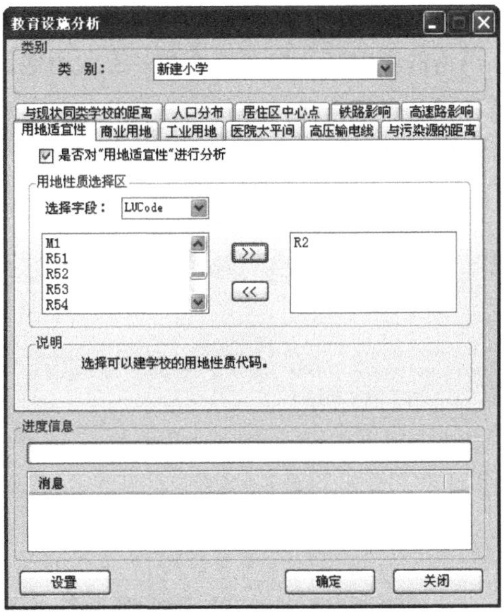

图 B-33　用地适宜性

7）商业用地

如果需要考虑商业用地的影响则选中"是否对'商业用地'进行分析"；在"用地性质选择区"框中选择用地性质字段（通常为 LUCode），影响范围值和商业用地性质（图 B-34）。

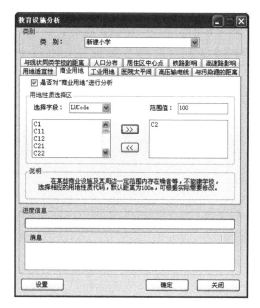

图 B-34   商业用地

8）工业用地

如果需要考虑工业用地的影响则选中"是否对'工业用地'进行分析"；在"用地性质选择区"框中选择用地性质字段（通常为 LUCode）、影响范围值和工业用地性质（图 B-35）。

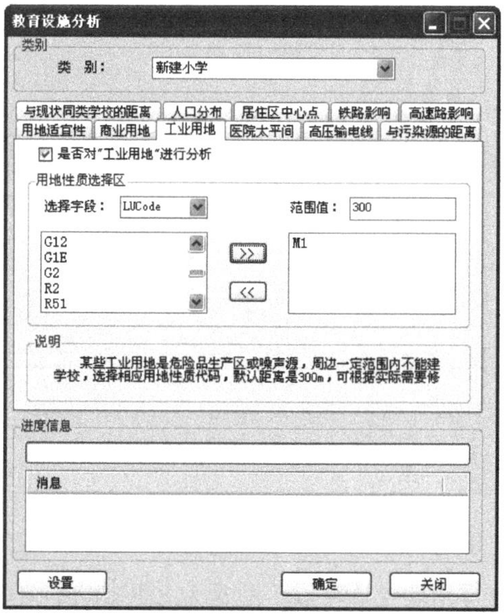

图 B-35   工业用地

9）医院太平间

如果需要考虑医院太平间的影响则选中"是否对'医院太平间'进行分析"；在"用地性质选择区"框中选择用地性质字段（通常为LUCode）、影响范围值和用地性质代码（图B-36）。

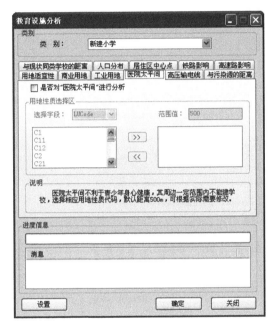

图B-36　医院太平间

10）高压输电线

如果需要考虑高压输电线的影响则选中"是否对'高压输电线'进行分析"；在"线数据"框中选择数据来源（使用内部数据或者使用外部导入数据），在"设置临界值"框中添加分析的影响距离值（图B-37）。

11）与污染源的距离

如果需要考虑污染源距离的影响则选中"是否对'与污染源的距离'进行分析"；在"设施点数据"框中选择数据来源（使用内部数据或者使用外部导入数据），在"设置临界值"框中添加分析的影响距离值（图B-38）。

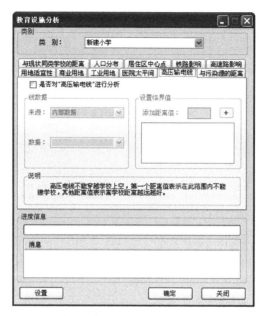

图 B-37　高压输电线

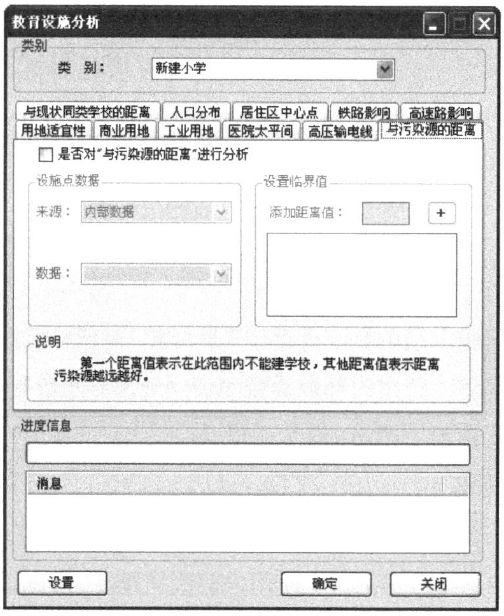

图 B-38　与污染源的距离

2. 执行分析

点击"确定"后执行分析，由进度条和提示信息显示进度过程，实际分析界面如图 B-39 所示。

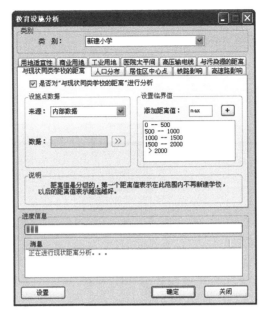

图 B-39　执行分析

3. 综合分析结果

分析结束后将显示综合评价上述影响因子的可用选址地块，如图 B-40 所示，颜色越深则说明此处更适宜布设该设施。

图 B-40　栅格分析结果

除了上述综合分析结果之外还会生成各影响因子的单独分析结果，如图 B-41 所示，列出了所有影响因子的分析结果。

图 B-41　单项影响因子分析结果列表

B.2.3.2 辅助选址分析

此菜单提供了辅助选址分析的方法，辅助选址分析是在综合分析的结果基础上进行的。

1. 参数设置

单击"辅助选址"下的"辅助选址"菜单，弹出辅助选址参数设置窗口。

该分析根据综合分析的结果对地块是否适宜布设设施点进行评价，得分高的地块则更适合布设设施点，保存到新生成的矢量分析结果图层中。

参数设置共分五个选项卡："综合评价""备选设施""容积率反算""选址用地"和"选址模型"。

综合评价：在"图层"框中选择综合分析的栅格图作为分析基础，同时选择评价值字段；或者从外部导入栅格数据作为分析基础（图 B-42）。

图 B-42　综合评价参数

备选设施：在该选项卡中，需要设置需要布设的设施点数量、需要放大采样的倍数、设置类型，以及该类设施的规模（图 B-43）。

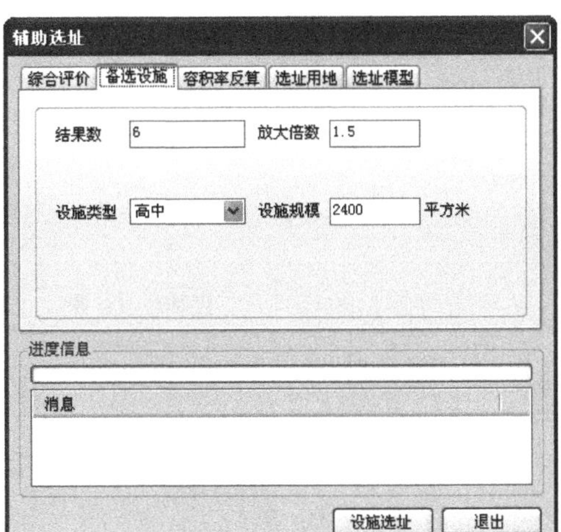

图 B-43　备选地块参数

容积率反算：在该选项卡中，需要设置容积率反算级别、选址容积率、地块设施总规模、层反算容积率及地块反算容积率（图 B-44）。

图 B-44　容积率反算参数

选址用地：选址用地中需要选择用于选址的用地类型（图 B-45）。

图 B-45　选址用地

选址模型：提供了"P—中值模型""P—重心模型"和"反重心模型"三种选址模型，分别应用于不同类型的设施（图 B-46）。

执行选址：参数设定好后，点击"设施选址"就可以开始进行辅助选址的操作了（图 B-47）。

图 B-46　选择选址模型

图 B-47　执行辅助选址分析

2.分析结果

辅助选址分析的结果将以边框高亮的形式显示所有选址地块，并显示出选址地块的评价值，同时还显示出分值同样分高，但没有选定为选址结果的地块的原因（图 B-48、图 B-49）。

地块未被选定的原因有以下几种可能：

（1）评价值过小；

（2）设施用地冲突；

图 B-48　辅助选址结果

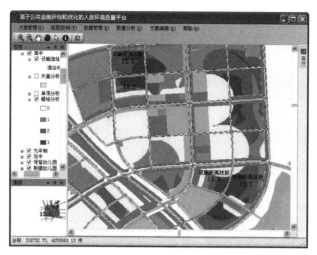

图 B-49   辅助地块以及非选址地块

（3）选址面积不足；

（4）地块容积率超标；

（5）分区容积率超标；

（6）设施距离过近；

（7）设施数量已足。

B.3 指数地图

指数地图内包含城市印象、城市活力、城市体验三部分内容。向公众分类、分级展示人居环境质量空间评估效果，提供基于地块、街道（street）、小区三个层面的指标信息查询和横向对比展示（图 B-50）。

图 B-50   指数地图

B.4 我要参与

我要参与包括"我有情绪""我有需求"两项内容，公众可以通过这个界面和功能对城市某一位置发生的负面情况进行描述和上传照片，对城市中某一位置的不便利、不友好之处进行意见表达。或者是对城市中某一个位置新建公共服务设施提出需求，例如幼儿园、小学、中学等教育设施的需求，菜市场、便利店等便民服务设施的需求，或者公交站等交通设施的需求（图 B-51、图 B-52）。

图 B-51　我要参与——我有情绪

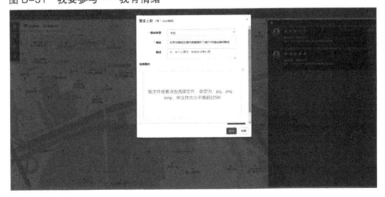

图 B-52　我要参与——我有需求

参考文献

[1] ALBAREDA-SAMBOLA M, FERNÁNDEZ E, SALDANHA-DA-GAMA F. The Facility Location Problem with Bernoulli Demands[J]. Omega, 2011, 39（3）：335-345.

[2] ANTUNES A, PEETERS D. A Dynamic Optimization Model for School Network Planning[J]. Socio-Economic Planning Sciences, 2000, 34（2）：101-120.

[3] BAHRENBERG G. Providing an Adequate Social Infrastructure in Rural Areas：An Application of a Maximal Supply Dispersion Model to Elementary School Planning in Rotenburg/Wümme（FRG）[J]. Environment and Planning A, 1981, 13（12）：1515-1527.

[4] BERMAN O, KAPLAN E. Equity Maximizing Facility Location Schemes[J]. Transportation Science, 1990, 24（2）：137-144.

[5] BERMAN O, DREZNER Z. A New Formulation for the Conditional P-Median and P-Center Problems[J]. Operations Research Letters, 2008, 36（4）：481-483.

[6] BERRY C, WEST M. Growing Pains：The School Consoledon Movement and Student Outcomes[J]. The Journal of Law, Economics & Organization, 2008.

[7] CARO F, SHIRABE T, GUIGNARD M, et al. School Redistricting：Embedding GIS Tools with Integer Programming[J]. Journal of the Operational Research Society, 2004, 55（8）：836-849.

[8] CHAINEY S P, RATCLIFFE, J H. GIS and Crime Mapping[M]. London：Wiley, 2005.

[9] CHURCH M. Modeling School Utilization and Consolidation[J]. Journal of Urban Planning and Development, 1993.

[10] COOPER L. Location-Allocation Problems[J]. Operations Research, 1963, 11（3）：331-343.

[11] COSTA C, SANTANA P, SANTOS R, et al. Pre-School Facilities and Catchment Area Profiling：A Planning Support Method[M]//Geospatial Thinking. Berlin：Heidelberg, 2010：97-117.

[12] DE SMITH M, GOODCHILD M F, LONGLEY P A. Geospatial Analysis：A Comprehensive Guide to Principles, Techniques and Software Tools [M]. 3rd ed. Leicester：Troubador Publishing, 2009.

[13] DGOTDU-Direcção-Geral do Ordenamento do Território e DesenvolvimentoUrbano. Normas Para a Programação e Caracterização de Equipamentos Colectivos[M]. Lisboa：Direcção de Serviços de Estudos e Planeamento Estratégico-Divisão de Normas, 2002.

[14] DIAMOND J T, WRIGHT J R. Multiobjective Analysis of Public School Consolidation[J]. Journal of Urban Planning and Development, 1987, 113（1）：1-18.

[15] DIAS C. A Componente Geográfica nas Estatísticas Oficiais[A]//E-SIG'2002-VII Encontro de Utilizadores de Informação Geográfica, Oeiras, 2002：13-15.

[16] DREZNER T, DREZNER Z. Multiple Facilities Location in the Plane Using the Gravity Model[J]. Geographical Analysis, 2006, 38（4）：391-406.

[17] DUNCOMBE W, MINER J, RUGGIERO J. Potential Cost Savings from School District Consolidation: A Case Study of New York[J]. Economics of Education Review, 1995, 14 (3) : 265-284.

[18] EBERY J, KRISHNAMOORTHY M, ERNST A, et al. The Capacitated Multiple Allocation Hub Location Problem: Formulations and Algorithms[J]. European Journal of Operational Research, 2000, 120 (3) : 614-631.

[19] FARAHANI R Z, HEKMATFAR M, ARABANI A B, et al. Hub Location Problems: A Review of Models, Classification, Solution Techniques, and Applications[J]. Computers & Industrial Engineering, 2013, 64 (4) : 1096-1109.

[20] FRANCIS, R, LOWE T, TAMIR A.Demand Point Aggregation for Location Models[M]//Drezner, Z., Hamacher H., eds. Facility Location: Applications and Theory, 2002: 207-232.

[21] GALVÃO R D, ACOSTA ESPEJO L G, BOFFEY B, et al. Load Balancing and Capacity Constraints in a Hierarchical Location Model[J]. European Journal of Operational Research, 2006, 172 (2) : 631-646.

[22] GALVÃO R D, ACOSTA ESPEJO L G, BOFFEY B. A Hierarchical Model for the Location of Perinatal Facilities in the Municipality of Rio de Janeiro[J]. European Journal of Operational Research, 2002, 138 (3) : 495-517.

[23] GORDON N, KNIGHT B. A Spatial Merger Estimator with an Application to School District Consolidation[J]. Journal of Public Economics, 2009, 93 (5-6) : 752-765.

[24] GUAGLIARDO M. Spatial Accessibility of Primary Care: Concepts, Methods and Challenges[J]. International Journal of Health Geographics, 2004, 3 (3) .

[25] HAASE K, MÜLLER S. Management of School Locations Allowing for Free School Choice[J]. Omega, 2013, 41 (5) : 847-855.

[26] HAKIMI S L. Optimum Locations of Switching Centers and the Absolute Centers and Medians of a Graph[J]. Operations Research, 1964, 12 (3) : 450-459.

[27] HANLEY P. F. Transportation Cost Changes with Statewide School District Consolidation[J]. Socio-Economic Planning Sciences, 2007, 41 (2) : 163-179.

[28] HELLER M. Location Optimization and Simulation for the Analysis of Emergency Medical Service Systems[D].Baltimore: Doctoral Dissertation, Johns Hopkins University, 1985: 132.

[29] PEARCE J. Evaluating the Predictive Performance of Habitat Models Developed Using Logistic Regression[J]. Ecological Modelling, 2000.

[30] KARIV O, HAKIMI S L. An Algorithmic Approach to Network Location Problems[J]. II: The P-Medians. SIAM Journal on Applied Mathematics, 1979, 37 (3) : 539-560.

[31] KILLEN R. Outcomes-Based Education: Principles and Possibillties[D]. University of Newcastle, 2000.

[32] LANKFORD R H. An Analysis of Elementary and Secondary School Choice[J]. Journal of Urban Economics, 1995.

[33] LEE S M, MOORE L J. Multi-Criteria School Busing Models[J]. Management Science, 1977, 23(7): 703-715.

[34] LEMBERG D S, C. The School Boundary Stability Problem over Time[J]. Socio-Economic Planning Sciences, 2000, 34 (3) : 159-176.

[35] LERMAN D L. The Economics of Public School Closings[J]. Journal of Urban Economics, 1984, 16 (3) : 241-258.

[36] LORENA L A N, SENNE E L F. A Column Generation Approach to Capacitated P-Median Problems[J]. Computers & Operations Research, 2004, 31（6）: 863-876.

[37] MALCZEWSKI J, MARLENE J. Multicriteria Spatial Allocation of Educational Resources: An Overview[J]. Socio-Economic Planning Sciences, 2000, 34（3）: 219-235.

[38] MANDUJANO P, GIESEN R, FERRER J. Model for Optimization of Locations of Schools and Student Transportation in Rural Areas[J]. Transportation Research Record: Journal of the Transportation Research Board, 2012, 2283: 74-80.

[39] MAXFIELD. Spatial Planning of School Districts[J]. Annals of the Association of American Geographers, 1972.

[40] MCFADDEN D, TRAIN K. Mixed MNL Models for Discrete Response[J]. Journal of Applied Econometrics, 2000, 15（5）: 447-470.

[41] MICHAEL T MARSH David A. Schilling. Equity Measurement in Facility Location Analysis: A Review and Framework[J]. European Journal of Operational Research, 1994.

[42] MIYAGAWA M. Order Distance in Regular Point Patterns[J]. Geographical Analysis, 2009, 41（3）: 252-262.

[43] MØLLER-JENSEN L. Assessing Spatial Aspects of School Location-Allocation in Copenhagen[J]. Geografisk Tidsskrift-Danish Journal of Geography, 1998, 98（1）: 71-80.

[44] MOORE G C, REVELLE C. The Hierarchical Service Location Problem[J]. Management Science, 1982, 28（7）: 775-780.

[45] MÜLLER S, HAASE K, KLESS S. A Multiperiod School Location Planning Approach with Free School Choice[J]. Environment and Planning A, 2009, 41（12）: 29.

[46] MÜLLER S, HAASE K, SEIDEL F. Exposing Unobserved Spatial Similarity: Evidence from German School Choice Data[J]. Geographical Analysis, 2012, 44（1）: 65-86.

[47] MÜLLER S, TSCHARAKTSCHIEW S, HAASE K. Travel-to-School Mode Choice Modelling and Patterns of School Choice in Urban Areas[J]. Journal of Transport Geography, 2008, 16（5）: 342-357.

[48] O' KELLY M. The Location of Interacting Hub Facilities[J].Transportation Science, 1986（20）: 92-106.

[49] OGRYCZAK W. Inequality Measures and Equitable Locations[J]. Annals of Operations Research, 2009, 167（1）: 61-86.

[50] PARK J, KIM B. The School Bus Routing Problem: A Review[J]. European Journal of Operational Research, 2010, 202（2）: 311-319.

[51] PETERSEN J, ATKINSON P, PETRIE S, et al. Teenage Pregnancy - New Tools to Support Local Health Campaigns[J]. Health & Place, 2009, 15: 300-307.

[52] PIZZOLATO N D, BARCELOS F B, Lorena N, et al. School Location Methodology in Urban Areas of Developing Countries[J]. International Transactions in Operational Research, 2004, 11（6）: 667-681.

[53] PIZZOLATO N D. A Heuristic for Large-Size P-Median Location Problems with Application to School Location[J]. Annals of Operations Research, 1994, 50（1）: 473-485.

[54] CHURCH R L, MURRAY A T. Modeling School Utilization and Consolidation[J]. Journal of Urban Planning and Development ASCE, 1993, 119: 23-38.

[55] REVELLE C S, EISELT H A. Location Analysis: A Synthesis and Survey[J]. European Journal of Operational Research, 2005, 165（1）: 1-19.

[56] REVELLE C S，SWAIN R W. Central Facilities Location[J]. Geographical Analysis，1970，2（1）：30-42.

[57] SCHITTEKAT P，SEVAUX M.，et al. A Mathematical Formulation for a School Bus Routing Problem[Z]. IEEE，2006：2，1552-1557.

[58] SCHOEPFLE O B，CHURCH R L. A New Network Representation of a "Classic" School Districting Problem[J]. Socio-Economic Planning Sciences，1991，25（3）：189-197.

[59] SHER J P，TOMPKINS R B. Economy，Efficiency，and Equality：The Myths of Rural School and District Consolidation[Z].ERIC，1976.

[60] SINGLETON A D，LONGLEY P A，ALLEN R，et al. Estimating Secondary School Catchment Areas and the Spatial Equity of Access[J]. Computers，Environment and Urban Systems，2011，35（3）：241-249.

[61] SUTCLIFFE C M S，BOARD J L G. Designing Secondary School Catchment Areas Using Goal Programming[J]. Environment and Planning A，1986，18（5）：661-675.

[62] TAYLOR R G，VASU M L，CAUSBY J F. Integrated Planning for School and Community：The Case of Johnston County，North Carolina[J]. Interfaces，1999，29（1）：67-89.

[63] TEITZ M B. Toward a Theory of Urban Public Facility Location[J]. Papers in Regional Science，1968，21（1）：35-51.

[64] TEIXEIRA J C，ANTUNES A P. A Hierarchical Location Model for Public Facility Planning[J]. European Journal of Operational Research，2008，185（1）：92-104.

[65] WEBER A. Über den Standort der Industrien，Tübingen[J]. Theory of the Location of Industries，1909.

[66] YASENOVSKIY V，HODGSON J. Hierarchical Location-Allocation with Spatial Choice Interaction Modeling[J]. Annals of the Association of American Geographers，2007，97（3）：496-511.

[67] 艾文平. 基于多目标优化模型的城镇小学学区调整规划 [D]. 广州：华南农业大学，2016.

[68] 艾文珍. 我国农村中小学布局调整的规模经济分析 [J]. 基础教育，2010，（1）：3.

[69] 北京市统计年鉴（2014—2018 年）和统计公报（2013—2017 年）.

[70] 曾新. 农村中小学布局调整与义务教育均衡发展的理论关系 [J]. 华中师范大学学报（人文社会科学版），2013，（S3）：4.

[71] 戴特奇，王梁，张宇超，等. 农村学校撤并后规模约束对学校优化布局的影响：以北京延庆区为例 [J]. 地理科学进展，2016，35（11）：8.

[72] 党兰学，王震，刘青松，等. 一种求解混载校车路径的启发式算法 [J]. 计算机科学，2013，40（7）：6.

[73] 德阳市统计年鉴（2014—2018 年）和统计公报（2013—2017 年）.

[74] 德阳市教育局. 德阳市中心城区教育设施规划（阶段稿）[Z].

[75] 德阳市人民政府. 德阳市城市总体规划（2014—2030）（阶段稿）[Z].

[76] 德阳市人民政府. 德阳市城乡统筹规划（2013—2020）[Z].

[77] 邓曲恒. 农村居民举家迁移的影响因素：基于混合 Logit 模型的经验分析 [J]. 中国农村经济，2013，（10）：13.

[78] 范先佐，郭清扬. 我国农村中小学布局调整的成效、问题及对策：基于中西部地区 6 省区的调查与分析 [J]. 教育研究，2009，（1）：8.

[79] 高军波，江海燕，韩文超. 基础教育设施撤并的绩效与机制研究：基于广州市花都区实证 [J]. 城市规划，2016，（10）：7.

[80] 高阳，徐克林，陆瑶，等. 基于层次分析法与重心法的学校选址研究 [J]. 物流技术，2009，28（2）：3.

[81] 郭清扬，王远伟 . 我国农村中小学布局调整的总体评价 [J]. 河北师范大学学报（教育科学版），
　　　2008，10（3）：7.

[82] 郝良玉 . 城镇化进程中我国城乡基础教育统筹问题研究 [D]. 延安：延安大学，2010.

[83] 胡俊生 . 农村教育城镇化研究 [M]. 北京：中国社会科学出版社，2014.

[84] 胡思琪，徐建刚，张翔等 . 基于时间可达性的教育设施布局均等化评价：以淮安新城规划为例 [J]. 规划
　　　师，2012，28（1）：70–75.

[85] 胡咏梅，杜育红 . 中国西部农村初级中学教育生产函数的实证研究 [J]. 教育与经济，2008，（3）：1–7.

[86] 黄俊卿，吴芳芳 . 基础教育设施布局均等化的比较与评价：以上海郊区小学布局为例 [A]// 城市时代，
　　　协同规划：2013 中国城市规划年会论文集（07– 居住区规划与房地产），2013：516–527.

[87] 黄良平，张卫国，胡纪元 . 基于 ArcGIS 学校选址问题的研究 [J]. 河南科技，2014，（17）：257–
　　　258.

[88] 贾勇宏，曾新 . 农村中小学布局调整对教育起点公平的负面影响：基于全国 9 省（区）的调查 [J]. 华中
　　　师范大学学报（人文社会科学版），2012，51（3）：143–153.

[89] 贾勇宏，周芬芬 . 农村中小学布局调整模式的分析和探讨 [J]. 河北师范大学学报（教育科学版），
　　　2008，（1）：13–18.

[90] 孔云峰，王震 . 县市级义务教育学校区位配置优化设计与实验 [J]. 地球信息科学学报，2012，14，（3）：
　　　299–304.

[91] 孔云峰，李小建，张雪峰 . 农村中小学布局调整之空间可达性分析：以河南省巩义市初级中学为例 [J].
　　　遥感学报，2008，（5）：800–809.

[92] 孔云峰，王新刚，王震 . 使用 MIP 优化器求解 p–median 问题：以学校选址为例 [J]. 河南大学学报（自
　　　然科学版），2014，44（6）：725–730.

[93] 雷万鹏 . 义务教育学校布局：影响因素与政策选择 [J]. 华中师范大学学报（人文社会科学版），
　　　2010，49（5）：155–160.

[94] 李宜江 . 城镇化背景下农村义务教育发展的压力及其转化策略 [J]. 教育现代化，2018，5（52）：
　　　312–313.

[95] 李景波，王立刚 .GIS 与层次分析法结合的学校选址研究 [J]. 中国高新技术企业，2010，（34）：41–
　　　42.

[96] 李新翠 . 国外农村学校布局调整提示我们什么 [N]. 中国教育报，2012–01–17（3）.

[97] 梁文艳，杜育红 . 基于 DEA–Tobit 模型的中国西部农村小学效率研究 [J]. 北京大学教育评论，2009，
　　　7（4）：22–34，187–188.

[98] 刘利民 . 深化综合改革 注重内涵建设 加快推进义务教育均衡发展 [J]. 人民教育，2015，（16）：10–
　　　16.

[99] 刘涛，曹广忠 . 大都市区外来人口居住地选择的区域差异与尺度效应：基于北京市村级数据的实证分析
　　　[J]. 管理世界，2015，（1）：30–40，50.

[100] 刘涛，齐元静，曹广忠 . 中国流动人口空间格局演变机制及城镇化效应：基于 2000 和 2010 年人口普
　　　　查分县数据的分析 [J]. 地理学报，2015，70（4）：567–581.

[101] 刘潇 . 基于可达性的小学规划布局优化研究 [D]. 武汉：武汉大学，2017.

[102] 刘晓 . 基础教育均等化评价与学校区位选择优化模型研究 [D]. 泰安：山东农业大学，2016.

[103] 牛利华 . 农村中小学布局调整中的教师角色及其导引策略 [J]. 湖南师范大学教育科学学报，2010，
　　　　9（6）：18–22.

[104] 庞丽娟 . 当前我国农村中小学布局调整的问题、原因与对策 [J]. 教育发展研究，2006，（4）：1–6.

[105] 彭永明，王铮 . 农村中小学选址的空间运筹 [J]. 地理学报，2013，68（10）：1411–1417.

[106]邳州市统计年鉴（2017 年）和统计公报（2013—2017 年）.

[107]沈怡然，杜清运，李浪姣.改进移动搜索算法的教育资源可达性分析 [J].测绘科学，2016，41（3）：122–126.

[108]石人炳.国外关于学校布局调整的研究及启示 [J].比较教育研究，2004，（12）：35–39.

[109]时浩楠.中国省域人口城镇化与教育城镇化耦合协调关系研究 [D].合肥：安徽大学，2019.

[110]宋萍，孙广通，刘小阳，等.基于 GIS 的中学选址分析 [J].山西建筑，2015，41（13）：208–209.

[111]宋正娜，陈雯，袁丰，等.公共设施区位理论及其相关研究述评 [J].地理科学进展，2010，29（12）：1499–1508.

[112]孙琳.城市区县义务教育资源配置均衡性问题研究 [D].天津：天津财经大学，2018.

[113]唐晓灵，陈艺琳.我国人口—经济—教育城镇化的时空演变特征分析 [J].当代教育与文化，2021，13（5）：17–25.

[114]汤鹏飞，向京京，罗静，等.基于改进潜能模型的县域小学空间可达性研究：以湖北省仙桃市为例 [J].地理科学进展，2017，36（6）：697–708.

[115]天津教育年鉴（2014—2018 年）和统计公报（2013—2017 年）.

[116]佟耕，李鹏飞，刘治国，等.GIS 技术支持下的沈阳市中小学布局规划研究 [J].规划师，2014，30（S1）：68–74.

[117]万波，杨超，黄松，等.基于分级选址模型的学校选址问题 [J].工业工程与管理，2010，15（6）：62–67.

[118]万波，杨超，黄松，等.基于层级模型的嵌套型公共设施选址问题研究 [J].武汉理工大学学报（信息与管理工程版），2012，34（2）：218–222.

[119]万明钢，白亮.我国"农村学校布局调整"问题研究述评 [J].教育科学研究，2009，（6）：37–40.

[120]汪明.关于农村中小学合理布局的几点思考 [J].教育研究，2012，33（7）：87–91，109.

[121]王桂新.中国人口流动与城镇化新动向的考察：基于第七次人口普查公布数据的初步解读 [J].人口与经济，2021，（5）：36–55.

[122]王冬明，邹丽姝，王洪伟.基于 GIS 的长春市中小学校服务区空间布局研究 [C].2009 中国城市规划年会，2009.

[123]王非，徐渝，李毅学.离散设施选址问题研究综述 [J].运筹与管理，2006，（5）：64–69.

[124]王磊.我国新型城镇化及推进策略研究 [D].武汉：武汉科技大学，2015.

[125]王伟，吴志强.城市空间形态图析及其在城市规划中的应用：以济南市为例 [J].同济大学学报（社会科学版），2007，（4）：40–44.

[126]吴磊，焦华富，叶雷，等.中国省际教育城镇化的时空特征及影响因素 [J].地理科学，2018，38（1）：58–66.

[127]吴峰.高等院校教育成本投入与办学效益 DEA 评价研究 [D].重庆：第三军医大学，2007.

[128]吴丽丽.基于数据包络分析（DEA）的高等院校规模有效性分析 [D].上海：同济大学，2006.

[129]夏竹青.城乡一体化背景下德阳市旌阳区义务教育设施规划研究 [D].北京：清华大学，2015.

[130]徐猛.劳动力迁移对区域间经济增长差距的影响 [J].湛江师范学院学报，2014，35（3）：136–143.

[131]杨东平.新型城镇化对城乡教育的挑战及应对 [J].教育发展研究，2016，36（3）：3.

[132]杨梦佳.基于可达性的典型县城教育服务水平评价 [D].武汉：华中师范大学，2016.

[133]杨史瑞.城区中小学布局调整规划研究 [D].西安：西北大学，2013.

[134]杨吾扬.区位论原理：产业、城市和区域的区位经济分析 [M].兰州：甘肃人民出版社，1989.

[135]叶欣，陈怡，张康建.社区基础教育设施空间配置评价与优化 [J].建筑与文化，2009，（11）：110–111.

[136]叶玉萍.最短路径在中心选址中的应用研究 [J].电脑与信息技术，2012，20（4）：13–15.

[137] 岳金辉，李强 . 基于双层规划和 K-Harmonic means 聚类分析的学校选址研究 [J]. 山东理工大学学报（自然科学版），2011，25（2）：6-10.

[138] 张富，朱泰英 . 校车站点及线路的优化设计 [J]. 数学的实践与认识，2012，24（4）：6.

[139] 张侃 . 以城镇化发展推进城乡基础教育均衡发展研究 [J]. 教育理论与实践，2014，34（8）：10-12.

[140] 张丽军 . 城镇化进程中农村家庭学龄子女就学地点的选择及影响因素研究 [D]. 沈阳：沈阳农业大学，2015.

[141] 张苗 . 基于双层规划的多目标校车路径优化研究 [D]. 成都：西南交通大学，2008.

[142] 张霄兵 . 基于 GIS 的中小学布局选址规划研究 [D]. 上海：同济大学，2008.

[143] 张艳，张丽军，张默，等 . 城镇化进程中农村学龄子女就学地点选择的影响因素分析 [J]. 高等农业教育，2015，（3）：107-111.

[144] 赵垣可 . 政策工具视角下义务教育均衡发展政策文本计量研究：基于《国家中长期教育改革和发展规划纲要（2010—2020 年）》颁布以来的政策文本分析 [J]. 上海教育科研，2020，（5）：5-9.

[145] 赵民，邵琳，黎威 . 我国农村基础教育设施配置模式比较及规划策略：基于中部和东部地区案例的研究 [J]. 城市规划，2014，38（12）：28-33，42.

[146] 赵琦 . 基于 DEA 的义务教育资源配置效率实证研究：以东部某市小学为例 [J]. 教育研究，2015，36（3）：84-90.

[147] 赵茜，褚宏启 . 新型城镇化与教育空间布局优化 [J]. 中国教育学刊，2016，（4）：26-30.

[148] 周海银 . 我国区域基础教育资源配置对新型城镇化影响的实证研究 [J]. 西北师大学报（社会科学版），2016，53（2）：93-98.

后记

值此研究付梓之际，回首走过的坎坷，不胜感叹；回忆得到的鼓励，不胜感激。

本研究起于国家社会科学基金项目"基于城乡人口变化的中小学布局优化模型及政策路径研究"，在国家重点研发计划"村镇发展模拟系统和智能决策管控平台关键技术"中得以继续，前后8年，在此谨向一起走过的同道良友致以最衷心的感谢。

感谢在项目申请和课题实施过程中，魏后凯研究员、曹广忠教授的指点，刘云中研究员、郭子祺研究员的把关与建议，他们严谨的治学作风，使研究得以深入。

感谢在研究过程中，石淼、曾荣俊、李明玺前期做的大量工作，夏竹青、张春花、张龙飞、侯建辉、石淼、余婷、陈蕾、徐一丹、张章在德阳市旌阳区的落地支持，曹宇钧、高珊、王强、郗研、俞宙、廖胤希、林融、毛芸芸在天津市西青区的项目支持，廖胤希、高慧杰在邳州市的项目支撑。他们的辛苦付出与努力，使研究得以顺利开展，不断推进和深入。

感谢北京清华同衡规划设计研究院的领导们，他们对研究一贯的支持，使研究得以持续。

感谢为本书编辑出版发行而付出辛劳的各位同志，还有那些我们一起走过但一时想不起来的各位同伴。

再次表示最诚挚的谢意。

林文棋　毕　波　陈会宴

2022年10月于北京

审图号：川 S[2023]05004 号

图书在版编目（CIP）数据

基于城乡人口变化的中小学布局优化模型研究与应用 /
林文棋，毕波，陈会宴编著 . —北京：中国建筑工业出
版社，2022.11

ISBN 978-7-112-27675-2

Ⅰ.①基… Ⅱ.①林… ②毕… ③陈… Ⅲ.①人口自
然变动—影响—中小学—规划布局—优化模型—研究—中
国 Ⅳ.① TU984.14

中国版本图书馆 CIP 数据核字（2022）第 135925 号

本书选取我国东部和西部典型的城镇化地区，以四川省德阳市旌阳区和北京市通州新
城为例，利用中小学布局优化模型均衡有效配置教育资源，提出优化布局的政策路径。全
书共分为 8 章，包括：新型城镇化背景下的城乡中小学布局调整、中小学布局优化模型概况、
研究思路与技术路线、德阳市旌阳区案例应用、北京市通州新城案例应用、中小学布局优
化规划实例、国内外学校布局优化案例评介、研究总结与结论。

本书内容丰富，将为城乡教育和规划部门未来科学决策提供有价值的参考。

责任编辑：王砾瑶
责任校对：李辰馨

基于城乡人口变化的中小学布局优化模型研究与应用
林文棋 毕 波 陈会宴 编著

*

中国建筑工业出版社出版、发行（北京海淀三里河路 9 号）
各地新华书店、建筑书店经销
北京海视强森文化传媒有限公司制版
北京中科印刷有限公司印刷

*

开本：787 毫米 × 1092 毫米 1/16 印张：14½ 字数：280 千字
2023 年 12 月第一版 2023 年 12 月第一次印刷
定价：65.00 元
ISBN 978-7-112-27675-2
（39869）

版权所有 翻印必究
如有内容及印装质量问题，请联系本社读者服务中心退换
电话：（010）58337283 QQ：2885381756
（地址：北京海淀三里河路 9 号中国建筑工业出版社 604 室 邮政编码：100037）